U0146693

天下雜誌
觀念領先

Winning the Right Game

How to Disrupt, Defend, and Deliver in a Changing World

生態系競爭策略

隆·艾德納 Ron Adner——著

黃庭敏——譯

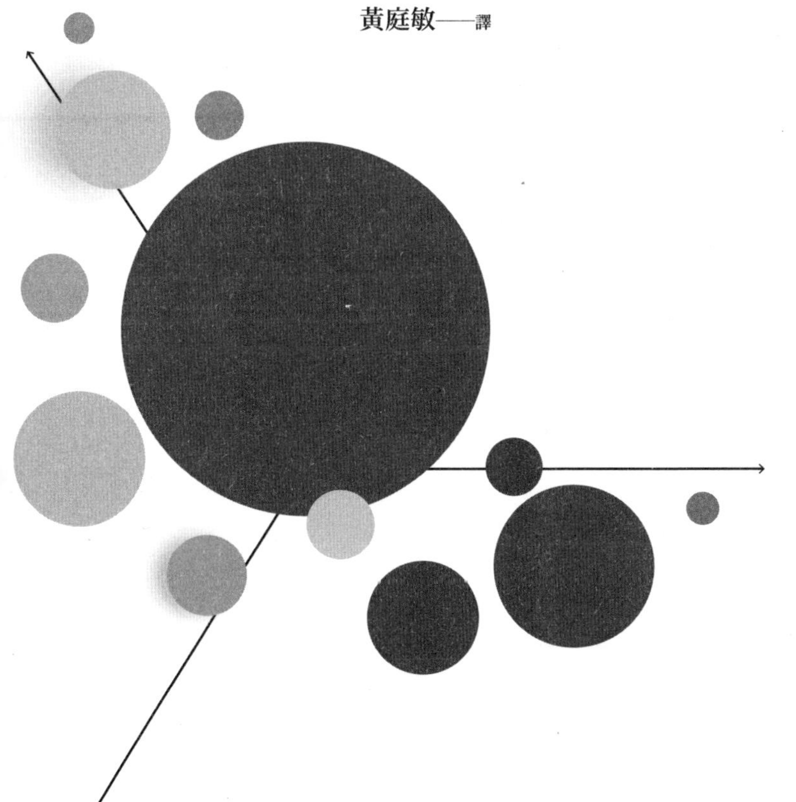

重新定義價值結構，
在轉型中辨識正確的賽局，
掌握策略工具，贏得先機

獻給所有努力讓世界變得更美好的人。

目 錄

推薦序

得生態系者得天下

詹益鑑

在西方的產業界與創業圈有一個常見用語：Game Changer，卻很少出現在華文語境跟用語之中。從字義來看這個詞彙並不難懂，但從這個字沒有適當的翻譯語詞就可得知，我們對這個概念有多陌生。而這本書的英文原名，就很適切地傳達主題。要贏得比賽，最重要的是選對賽道，甚至打造賽道。

對於多數習慣接受教育體制與職場規則的東方民族，源自於農業時代與封建社會所造成的崇尚安定與保守習性，也造成了多數人不理解打破框架與重塑框架的機會與價值。但全球社會歷經工業革命至今，從物質、能源到資訊的生產與消費革命，再加上將近六十年的摩爾定律所造成的指數型成長，從戰後嬰兒潮世代以降的各世代人類，都活在技術、產業、家庭、社會不斷變動的潮流中。

而整體來說，也就是生態系不斷在改變。而從演化生物學的觀點，生態系的快速變化，是物種變異與演化加速的最佳機會，卻也是適應不良的物種快速滅絕的原因。有趣的是，生態系與物種之間，並非單向關係，而是一種交互影響與循環的模型。大家想必都看過玻璃製的生態球，裏頭養著水草跟小蝦小魚；或者聽過為了移民火星而設計建造的大型生態圈，當中的動植物種類、數量與比例，還有生長與繁衍的速度，都會造成整體生態系與個別物種的興衰。

而生態系最有趣的部分在於，許多看似不起眼或者沒有大動作的物種，卻相較於食物鏈頂端的物種，對生態系有更大的影響力。一旦生態系的轉變到達臨界點，往往是食物鏈頂端的物種先被消滅。無論是當年的恐龍，或者目前瀕臨生態危機的北極熊，都是顯著的例子。

從這個角度，也就不難理解，財富五百強企業的排名，從五十年前至今的變動越來越快，前十名的更新速度或成長速度更是每十年都加倍。這是對大企業最糟的時代，卻也是對成長型企業改變遊戲規則、成為新遊戲贏家的最佳年代。從電子化到網路化、從無線通訊再到智慧生活，光是我們成長所經歷的二三十年，就已經有數不清的品牌崛起卻又快速消失。若細究那些能存活超過十年甚至持續成長的規模化企業，都是能夠適應甚至改變遊戲規則的玩家。

若把企業競爭比喻為物種的個體與群體競賽，本書從生態系的角度，分析了許多經典案例，相信歷經軟片相機、數位沖印到手機打卡的你我，或者使用過音樂串流、手機導航、線上消費、自動駕駛與基因檢測的各種體驗，都會對書中的個案感到熟悉與好奇，這些失敗的大企業還有成功抵禦、進攻、合作或改變遊戲規則的新創企業，前者做錯了什麼，後者又如何贏得比賽。

而隨著創業與投資經驗的累積，從參與台灣第一個新創加速器的創立、到走訪全球十多個新創生態系並曾經獲選為台灣新創生態系大使的我，在落腳矽谷的這兩年，更深刻地體驗與感受到，所謂的生態系並不是只有高密度的人群與企業聚落，而是層層交疊連結的市場、人才與資金關係。

事實上，矽谷的新創與企業再怎麼密集，也不可能比台灣島內的人際空間或交通時間更壓縮。反而因為時間成本高、消費市場大、產業鏈綿長，所以對於生態系的合作與競爭關係，都必須花更多時間進行研究與運行。台灣雖然有緊密而便利的製造業或服務業聚落，但因為同質性高，在生態系中位處的角色也都接近，也造成不可取代性偏低、理解與改變生態系的能力也較差。

在企業管理與新創領域，我們常採用的競爭力分析與商業模式地圖，過去我們都是以個別企業的角度去進行，往往忽略了這些競爭與合作夥伴，其實都在一個彼此關聯而且動態的生態系統中。也唯有看到空間與時間的開放性與重疊性，無論是創業者、經理人或投資人，才能找到創造更大價值的正向循環軌跡，而所謂的飛輪效應與網路效應，從來也都必須在生態系的概念下才能運行。

我曾經訪問過一個傑出的創業者、曾經是台灣最年輕的上市公司創辦人，究竟是英雄造時勢，還是時勢造英雄？他給我的答案是英雄順時勢，時勢辨英雄。我想這個答案並非客氣，但也道出了他的企業雖然一路成長但也遭遇瓶頸的關鍵。要打造一家企業，你需要適應生態系的改變，但要創造一個產業，你需要造就生態系的改變。

這是最壞的年代，但也是最好的年代。與其讓世界改變你，不如改變這世界。

（本文作者為Taiwan Global Angels創辦人，
矽谷為什麼Podcast主持人，曾任BioHub Taiwan助執行長、
AppWorks合夥人，創業及投資經歷超過十五年，
並獲選為Startup Genome台灣新創生態系大使）

導　讀

顛覆生態系：
贏了對手，也不輸給時代

邱奕嘉

技術發展改變了產業的疆界，塑造了新的競爭規則，眾多平台型企業或生態系統也應運而生。然而，迥異於傳統企業，這種商業模式的策略思維與經營法則，必須建立新穎的觀點，採用全新的工具，才能掌握契機。

本書作者艾德納（Ron Adner）為達特茅斯塔克商學院教授，長年研究新經濟、生態系等議題，並擔任多家公司的顧問。這本書集結他對生態系的觀察與研究，提出許多寶貴的觀點與實用的建議。

生態系原指生物和周遭環境所構成的複雜體系。近幾年這個詞語被企業界廣泛使用，探討企業間的交互作用，但每個人的定義不盡相同，甚至無法清楚界定、分辨它與產業或平台的差異為何？有鑑於此，作者首先對生態系進行清楚的描述與定義：他認為所謂的生態系，係指一群合作夥伴透過相互作用的結構，向終端顧客傳遞價值主張。

在這個定義下有三個關鍵字：價值主張、合作夥伴、相互合作的結構。意即這三個條件必須同時存在，系統才算成型，與一般的平台雙邊或多邊市場有所差異。例如：591租屋網是典型的平台雙邊市場，它串接了買方與賣方，卻因為缺乏足夠的合作夥伴以及相關聯的結構而不屬於生態系。而檢視台積電所組成的生態系，它透過供應鏈的整合與分工，包含機台、IP廠商及其他相關軟、硬體商的合作貢獻（相互合作結構），提供客戶信賴的技術及製造服務（價值主張）；而這些參與台積電生態系的廠商，並非台積電的衛星工廠，它們皆是獨立公司，有自由進出的權利。因此，生態系統策略的核心是找到有效方法，將合作夥伴納入結構化的系統中，並透過如此安排，提供顧客有效的價值主張。

透過價值結構解析生態系

作者提出了一個全新的生態系分析工具：價值結構。它協助經理人解析生態系的發展，並掌握生態系顛覆的趨勢。這個「價值結構」工具，說明組織如何透過不同的「價值元素」，創造對顧客的價值。例如：知名的音樂串流公司Spotify的價值結構可以分為：內容、搜尋、聽音樂這三個價值元素，集中分析這三個重要元素就能找到顧客取向和產品利基。

作者更以柯達為例，使用這個工具說明生態系顛覆與傳統由對手發動競爭的異同。由對手發動的競爭可以視為挑戰某一個價值元素，領導廠商通常較能預期、因應這種傳統的競爭行為；然而，生態系的顛覆則是指在合作網絡中的某一個廠商，改變了價值結構間不同價值元素的互動模式，並進一步顛覆了生態系的價值主張。例如：當智慧型手機具備相機與聯網功能時，一開始因為解析度較差、傳輸速度慢，大眾還是傾向於使用數位相機拍照與進行相關數位沖洗，但隨著智慧型手機的相機功能增加、傳輸速度加快、顯示設備的效果也大幅提升，消費大眾可以直接在各種不同的顯示設備上觀賞與分享照片，造成原本「柯達時刻」的價值主張受到顛覆。嚴格來說，消費者仍然有影像顯示的需求，但可能在手機觀看與IG等社群平台分享，而非透過數位沖印。柯達並沒有輸給富士等競爭者，而是輸給了新典範下的生態系結構。同樣情形也發生在中國的大潤發，中國大潤發打敗了家樂福等外商，但卻輸給了電商，最後賣給了阿里巴巴，大潤發總經理經此教訓甚至感慨地說：贏了對手，輸了時代。

建立與防禦策略

提出價值結構的工具以解析生態系之後，作者進一步教導讀者如何面對衝擊，避免被顛覆，他的建議包含如何透過合作夥伴重新部署，修改價值結構，或是找尋適合的合作夥伴，聚焦在可防禦處，甚至是固守原有防禦聯盟的方法。每項策略建議都提供豐富的案例，輔以價值結構分析工具的運用，讓讀者不只是了解觀念，也能有一套實際可操作的分析工具，按圖索驥。

除了被動因應與防守策略外，作者也提出生態系統的建立策略，還特別強調建立時務必留意：這並非是孤軍作戰，也不要妄想一步到位。企業應該先建立最低可行生態系統（Minimum Viable Ecosystem, MVE），再依階段性的擴張路徑，逐步形成，傳遞生態系的價值。Line在台灣的生態系發展，就印證了這樣的路徑，它先從社交平台切入，然後導入貼圖，擴大社群範圍，等到根基穩固之後，才導入支付、電商等其他服務。

生態系的建立與顛覆想要一戰成名，必須在正確的時機，太早或太晚都不宜。但影響時機成熟的因素太多，不管是環境、技術、消費者需求等等，該如何有系統地掌握每個環節？而在不同的時間點，適合的策略又有哪些？作者在書中藉由許多有趣的案例，提出在面對時機決策時，必須先評估舊價值主張的擴展機會（舊瓶能否裝新酒？），以及新價值主張的準備程度（八字有沒有見一撇？），透過這兩個維度的評估，可以對應出不同的因應策略。讓生態系顛覆與建立的時機考量，不再是憑領導人的嗅覺，而是透過評估架構的據理猜測（Educated Guest）。

生態系的領導

生態系統領導廠商必須隨時謹記，這是一個生態系統（Eco-system），不是本位系統（Ego-system），在任何新產品、服務推出前，必須重新檢視合作夥伴的價值與追隨意願。在追求成長的過程中，更要不斷與合作廠商保持協調與重新建立協調。這幾年，悠遊卡已成為交通工具或小額支付的領導公司，但在轉型為行動支付過程中，一直無法取得領先地位，同樣的問題也發生在Apple Pay上。他們都忽略了建立與重塑合作夥伴（銀行、商家）的合作誘因，以及重新部署合作夥伴，創造異於其他支付的價值主張。

不但要避免本位主義，領導廠商的領導行為也要隨著生態系的發展階段而有所調整。作者以微軟轉型為例，說明領導廠商的行為模式的轉變，在生態系發展的初期，領導廠商需要的是「協調」思維，努力建立相互作用需要的結構，並且協調大家，促成大家對規則與角度的共識；而協調一致後，就得「執行」思維，貫徹大家的共識。當新的典範出現時，就必須啟動新的協調思維，創造新的生態系與價值主張。掌握這種「領導轉型」（協調）與「轉型領導」（執行）的運作節奏，是生態系領導廠商獲取成功的必備技能。

掌握生態系競爭的契機

競爭未來式不再是單一廠商間的競爭，而是結合眾多廠商的生態系競爭；未來的價值創造，也不再仰賴單一產品與服務就能達成，必須仰賴合作廠商的共同解決方案（Solution），以及提出清楚且具備特色的價值主張。這種以合作結構為主的生態系運作模式，需要全新的管理思維與運作法則。

在競爭叢林中，光是找到自己的座標，釐清周圍網絡就是一件高難度的工作，還要在錯綜複雜的關係裡，建立交互作用的生態系，更是難上加難。本書猶如解碼迷宮地圖，提供清楚而實用的生態系競爭觀點，以及完整且有效的工具，讓讀者重新檢視所屬的競爭環境與商業模式，找到現有運作機制的盲點與不足，進而掌握生態系競爭的契機。

（作者現為政大科智所教授兼商學院副院長）

前　言

超越產業界限的競爭

競爭的基礎正在發生變化，你準備好了嗎？競爭正在從提供明確產品和服務、定義清楚的產業，轉向傳遞範圍廣泛的價值主張（value proposition）[1]的廣大生態系（ecosystem，或稱生態系統），例如：從汽車到交通解決方案、從銀行到金融科技平台、從藥房到健康管理中心、從生產線到智慧工廠。你舉目所見的產業界限到處都在崩解中，而且這股趨勢正在加速。

本書不是要來敲響另一記警鐘，因為現今的領導者已經非常警醒，甚至到了失眠的地步。然而，對許多人來說，警醒徒增困惑，而非清晰。為什麼會這樣？因為競爭已超越傳統界限，當前策略面臨的挑戰不再契合既有的策略框架。

傳統的顛覆是產業面臨顛覆，而現代的顛覆是生態系面臨顛覆。

當新的價值主張問世，影響產業之間的競爭，就會顛覆生態系，導致產業界限消除和結構傾覆。傳統的競爭對手追求相同的獎賞，有明確的贏家和輸家；而今天的挑戰者在發起攻擊時，追求不同的目標，專注不同的衡量標準。傳統的競爭對手專注在自己的執行力，以獲得成本和品質方面的優勢；今天的挑戰者則集合新的合作夥伴，以各別公司無法企及的方式創造價值。

生態系的顛覆者不只增加競爭，還重新定義競爭的基礎：他們正在改變賽局。無論你是要打進新的市場，還是在你所處的地方試圖擊退這些攻擊，你都需要對競爭、成長和槓桿力量有新的看法。**成功不再只是單純「獲勝」，而是要確保你贏得正確的賽局。**

我以本書做一個簡單的承諾：我將詳細地告訴你，如何在新的生態系局勢中迎戰和獲勝。這與技術、願景或風險無關，儘管它們顯然仍扮演重要的作用。說得更確切一點，本書要講的是一種新方法與新的教戰手冊，用於界限在轉變和規則在改變時的策略。即使你已經對正確答案有所領會，本書提供的概念和闡述用語也將幫助你串聯起直覺，也許更重要的是，幫助你為別人把事情串聯起來，讓他們更容易採納你的邏輯和領導。

生態系的核心是與合作夥伴協調一致。對顧客的洞察力和出色的執行力是必要的條件，但不再是充分的成功驅動因素。由於要傳遞你的價值主張，已經變得更加依賴合作，所以尋找使合作夥伴協調一致的方法已成為焦點。在產業中，與夥伴合作意味著掌握供應鏈和配銷通路，每個人都了解自己的角色和定位。而在生態系中，挑戰在於協調關鍵夥伴，他們對誰要做什麼的看法，可能與你自己的看法截然不同。

這意味著獲勝的概念本身必須變得更加微妙。在產業中的贏家會獨佔鰲頭；而在生態系中的贏家可以從各種定位，創造和獲取價值，所以選擇在哪裡迎戰，會與迎戰的項目、方式和時間一樣重要。

在當今不同的生態系環境中，以前我們在各種產業圈中可以輕鬆假設的很多事情都被推翻了。但是隨著觀點的變化，我們可以從賽局看到新的層面，提出新的問題和制定新的方法：

- 你如何辨識出有些轉變，會顛覆你的生態系、把合作夥伴變成競爭對手，並破壞你獲勝的能力？
- 你如何推動生態系的顛覆，以打破界限，並擊倒既有的競爭對手？
- 你如何才能與生態系的巨頭抗衡，甚至受到他們的攻擊，還能茁壯成長？
- 老牌公司在迎戰生態系賽局中，其獨特的優勢是什麼？

- 你如何預測顛覆生態系的時機——機會的窗口何時開啟，何時關上？
- 你如何保護自己在生態系中的角色，並避免本位系統的陷阱？
- 在生態系的背景下，你選擇和培養個別領導者的方式必須如何改變？

對於新創公司來說，弄錯這些問題就是痛苦的轉折點，因為公司試圖重新定位自己，殊不知成功的關鍵不在於不同的價值主張，而是用更好的方法協調合作夥伴，讓自身的產品更具價值。對於大公司來說，上述情況表現在無數的試驗，企圖創造新的價值，雖然在測試時取得成功，但當合作夥伴拒絕按照公司想像的條件來擴充，推出市場後卻以失敗收場。對於所有組織而言，結果都是優秀的人辛勤工作，但從未獲得市場應有的青睞。

從更寬廣的視角來看，我們這個時代要求組織能全盤創造價值。利害關係人資本主義（stakeholder capitalism）的興起，迫使公司了解自身在社區和整個社會中的角色和責任。為迎接這項挑戰，並將這項要求轉化為機會，需要採用以生態系統為基礎的方法。

在接下來的章節中，我們將為詳盡闡述有效的生態系策略，提出新的觀點和一套新的原則。我們的重點是，當機會和威脅不再遵守傳統規則或界限時，該如何競爭、合作和共存。我們將深入說明的案例，從熟悉的科技公司，到老字號的現有公司，再到靈活的新創公司，以闡明這些原則的含義和細微差別，這些案例將說明事情發展的事實。這些框架將提供一個邏輯，以理解為什麼這些案例會這樣發展，以及當你發現自己面臨類似情況時，如何考慮替代方案。

我們探索的每個案例，都涉及那些原本就是數位化，或是那些已經接受數位化轉型的現有公司。他們都提供了正反兩方面的經驗，證明為什麼應對生態系的顛覆不僅需要「數位化」，還需要掌握接下來發生的事情。本書的規劃大綱見圖I.1，所有參考資源都在書後所附的文獻資料。

各個組織的具體情況各不相同。一般來說，關於策略運用的回答很少是單純的對或錯，因為對一個組織有利的策略，可能對另一個組織來說，卻是災難一場。然而，在一致性和適配度方面，策略很明顯有好壞之分，所以**重要的是，制定適合你公司的策略，並以足夠有說服力的方式傳達策略，以在整個組織內推動一致的行動**。

本書的工具和方法為理解和闡明生態系環境中的策略，提供一套闡述用語。這套溝通語言經過長達十年的研究和實踐塑造，從新創公司到《財星》100大企業、非營利組織，再到政府實體，經過許多客戶的親身測試和驗證。如果你積極地把這些穩健的概念應用到你的實際情況中，它們會變得非常強大。

圖 I.1
本書的規劃架構。

	主要案例	工具
第一章 **贏錯賽局**	柯達	價值結構 價值反轉
第二章 **生態系的防禦**	Wayfair 與亞馬遜 TomTom 與 Google Spotify 與蘋果	生態系防禦的三大原則
第三章 **生態系的進攻**	亞馬遜的 Alexa 智慧型語音助理 歐普拉門鎖與安防解決方案供應商亞薩合萊	最低可行生態系統 階段性擴張 生態系的傳遞效應
第四章 **顛覆生態系的時機**	特斯拉和自動駕駛汽車 威科集團 基因技術公司 23andMe 斑馬科技公司	發展過程圖 時機框架
第五章 **本位系統的陷阱**	蘋果和行動支付 電子書 工業物聯網平台 GE Predix 電子病歷 微軟與 IBM	領導力的試金石 贏家的等級
第六章 **思維很重要**	微軟 Azure 雲端平台	生態系循環
第七章 **讓所有人都清楚公司策略**		

在你閱讀本書的過程中，關鍵是要跳脫案例，積極思考案例對你自己組織的含義：在案例故事中，你好比哪一方？你的策略在哪些方面與本書的原則一致？在哪些方面有矛盾？你對這種差異感到最滿意和最不滿意的地方是什麼？最重要的是，你必須做什麼行動，才能使你的團隊和組織擁有共同的認知？

每個人都在為獲勝而努力，關鍵是要確保你正在努力贏得正確的賽局。

其他免費的資源，包括討論指南、詞彙表和圖表，可在網站www.ronadner.com上找到。

第一章

贏錯賽局，等於失敗

給我們帶來麻煩的，不是我們不知道的事情，
而是我們自以為很了解的事情。

——馬克．吐溫

那宛如是一場國王的喪禮。當象徵美國創新的柯達公司，於2012年1月申請破產保護時，世人悲痛的寫照就像渲染著老相片的棕褐色調。傳統的說法是，在1975年發明世界上第一台數位相機之後，目光短淺的柯達管理者，讓這家龐大擁腫的公司因組織慣性而自取滅亡。柯達頑固地仰賴高利潤的類比攝影業務，讓索尼和惠普等公司用數位相機和數位印表機一舉超越，柯達在做出應變時已無望取勝，最終失敗倒閉。

今天，柯達已成為在面對變化時無能的典型代表，並警告大家不要自滿：這家公司沉溺於過去傳統的業務，無法適應新的局勢。或者，這家公司被描繪成資源、能力、員工和文化

與新要求相去甚遠，以至於無法適應。「柯達怎麼會沒看出趨勢的到來？」我們不禁也懷疑起自己的改變能力。我們在激勵自己的團隊採取行動時，會這樣發出警告：「我們最好擁抱未來，否則我們最終會像柯達一樣！」

柯達失敗了，但並非出於你可能認為的原因。它的故事是數位時代最容易被提起的故事之一，也是被人說錯的故事。真正的故事很重要，原因不是為了柯達，而是為了每位在動盪時期引用這種故事指導公司管理的人。正如我們將看到的，從這些面對改變卻失敗的案例中，人們常見的經驗啟示是：要更大膽、擁抱創新、冒更多風險，以贏得賽局；然而，這些啟示可能弊大於利。如果我們能夠理解柯達的失敗會被人們誤解的根本原因，將打開一扇新途徑的大門，制定策略和推動有效的轉型；否則，我們就有可能走上同樣痛苦的道路。

真正的柯達故事，顯示公司成功克服了早期困境，並根據過去應對傳統顛覆的舊規則，做了所有正確的事情：柯達管理技術的轉變，改造了組織，實現了目標，並成為數位沖印領域的領導者；但它掌握數位沖印業務之時，也是沖印業務即將被數位瀏覽取代之際。螢幕取代相紙，智慧型手機取代紙本相簿，社群媒體貼文取代沖印相片，然後柯達的世界開始走下坡。

那時，柯達向管理者提出的當務之急應該是什麼？不是「你們要如何推動更快的轉型？」而是「你們如何確保轉型方向是正確的？」

柯達沒有領會到的是現代顛覆的新規則，而現代的顛覆是生態系的顛覆。這些對任何關心進步的人來說，都十分重要：無論你是在發展新企業、管理百年歷史的公司、領導投資基金、制定政府政策，抑或只是對不斷變化的商業環境感到好奇，都必須了解從產業到生態系的轉變，因為這對你的成功非常重要。

傳統上，與產業相關的顛覆威脅來自隱形的新進者變得「足夠好」，並瓜分你核心市場的市佔率，從你那裡分得一杯羹。生態系顛覆的威脅來自提供幫忙的合作夥伴變得「太好了」，進而破壞你創造價值的基礎，市場大餅整個崩解。

柯達真正的啟示：最大的危險在於為了贏而竭盡全力，卻發現自己贏錯賽局。舊的規則仍然重要，但不再是充分的指南，因為二維策略對於三維世界是不夠的。如果你不擴展觀念，對於機會和威脅、對手和夥伴、價值創造的建立和時機的掌握有更宏觀的看法，那麼就會招致失敗。

本章我們將以柯達為例，介紹一種制定策略的新方法。我們將闡明生態系的概念：它是什麼、它不是什麼；以及解釋**生態系循環**（ecosystem cycle），生態系如何成熟變為產業、產業又如何融入生態系。然後我們將提出一個新概念，即**價值結構**（value architecture），用新的方式描述我們的目標和環境。懂得這一點，我們將能夠闡明生態系顛覆的基礎，並預測全新的競爭動態形式，即**價值反轉**（value inversion），透過這種形式，生態系的合作夥伴可能成為競爭對手，互補者可能成為替代者，贏家可能成為輸家。這些基礎將為我們提供一套新的觀點和工具，我們會在整本書中加以擴展，你應該將它們應用到今後的工作當中。

柯達奇蹟般的轉型

當柯達工程師沙森（Steven Sasson）於1975年發明數位相機時，他引發長達25年的內部辯論，討論是否、何時，以及如何把數位影像納入公司的商業營運。柯達在技術方面表現出堅定的投入和成效：1980至1990年間，在數位影像領域投入約50億美元，佔其研發預算的45%；[1]在新工廠和人員方面進行巨額投資；到2000年，柯達已經累積超過一千項數位影像的專利。[2]

儘管柯達的技術基礎很強，但在整個1990年代，柯達在數位業務方面的決策並不協調一致，而且存在缺陷。已經有無數文章討論過柯達的傳統思維、內部政治和競爭壓力的結合，是如何阻礙公司的數位化轉型。這些問題突出變革管理普遍遇到的挑戰，它們當然是真實的，當然也很重要，但它們並不是2012年促使柯達破產的因素。如果你著重在這部分，就把故事的焦點擺錯了。[3]

柯達在2000年開啟新的數位化篇章，原本的執行長是費雪

（George Fisher），他是個有遠見的局外人，卻無法轉變內部的思維方式，後來執行長換成卡普（Dan Carp），他擁有30年的內部經驗，是值得信賴的人。他認同數位化願景，並獲得內部認可來推動數位化發展，卡普宣稱：「今天，我們在已開發市場的傳統底片和相紙業務正在經歷結構性轉變，為應對轉變，我們已著手務實而大膽的轉型。我們下定決心要在這些新的數位市場中獲勝，我們正在打造一個邁向成功的柯達。」[4]

卡普將打開十年奇蹟成功轉型之門，在這十年中，柯達成為數位市場的冠軍，並且不害怕接受超越組織本身的業務範圍，例如它在2001年收購Ofoto.com，也就是後來的柯達畫廊（Kodak Gallery），建立一個線上的商務平台，讓使用者可以在平台上儲存、共享和列印數位相片。沒錯，柯達在賽局早期就經營雲端的社群網站業務。到2002年，這項業務每月成長12%，彭博社（Bloomberg）報導還稱柯達「描繪出數位成功的景象」。[5]

到2005年，柯達在美國數位相機銷售中排名第一（全球排名第三），領先競爭對手佳能（Canon）和索尼。柯達接受適應數位世界的痛苦，並於2006年關閉全球各地的底片工廠，並裁減27,000個工作。[6] 2007年，柯達以23.5億美元的價格出售旗下賺錢的醫療影像業務，並加碼投入數位領域。套用卡普的執行長繼任者培瑞斯（Antonio Perez）的話來說，這筆現金將被運用在「讓我們把注意力集中在消費性和專業影像，以及圖文傳播業務方面重要的數位領域成長機會上。」培瑞斯以前曾執掌惠普具有市場主宰地位的強大印表機業務，他被柯達延攬和拔擢，進一步證明柯達對數位沖印的決心。培瑞斯說：「不久以後，我不會再回答有關底片的問題，因為我不懂。這部份的業務對我來說太小，無需參與。」[7]

有兩項關鍵的發現讓柯達欣然接受數位沖印。首先，該公司發現家用列印耗材的利潤極為豐厚。黑色印表機墨水每加侖要價2,700美元，在英國廣播公司BBC的「2018年世界上最昂貴的十種液體」排名第八名，輸給蠍毒、胰島素和香奈兒N°5香水。[8]正如一位前惠普高階主管在2000年解釋的那樣，「所有這些數位相機擁有者都會想要列印他們的相片和網頁，這將賣出大量的印表機和墨水。」[9]而銷售高利潤的相紙將進一步增加數位相片沖印的利潤。

其次，柯達發現，它的許多核心能力可以轉移到新的數位世界：相片沖印店背後的影像處理技術在數位相機中很有價值，而且公司在相片的化學沖印過程中的實力，將成為墨水和相紙塗料方面的優勢。柯達在B2B關係方面享有長達一個世紀的優勢，在超市和藥店隨處可看到柯達的相片沖印店，甚至也無縫接軌地傳遞到數位時代。到2004年，柯達已成為全球領先的相片沖印機（譯注：類似台灣便利商店的立可得機台）廠商，收入達4億美元。[10] 2005年，柯達憑藉其專有的乾式列印技術提供的優良產品，把勁敵富士從4,859家連鎖藥局沃爾格林（Walgreens）門市中逼走，接手這家零售商高利潤的相片沖印機業務。到2006年，柯達在零售業務據點中增加沃爾瑪（Walmart）、凱馬特（Kmart）、塔吉特（Target）和連鎖藥店CVS，[11]每個地點每次有人一點擊使用，都會帶來高利潤的墨水和相紙銷售。一家小型零售商表示，每年光靠四台相片沖印機就能賣出20萬張數位相片。每張標準尺寸相片以39-49美分計算，[12]佔地僅僅不到一坪的機台，就能帶來龐大的收入。到2007年，柯達在美國各地有9萬台相片沖印機，簡直就是印鈔機，讓柯達在這個產業獨佔鰲頭。[13]

要如何從重要連鎖藥局客戶沃爾格林的門市裡，擠掉頂尖的競爭對手富士？可見柯達不是自滿，也不是缺乏能力的公司。只有優秀的團隊，用出色的產品和服務，靠著優異的執行力才能做到這一點。

柯達的領導者看到曙光，並加入戰局，發現以販售耗材為基礎的底片業務，這種商業模式帶來高額的利潤，可以漂亮地轉移到數位相片沖印的領域。到2010年，柯達已經在噴墨印表機市場上爭得第四名，加入惠普、利盟（Lexmark）和佳能等大廠之列。[14]培瑞斯在2011年對分析師表示：「你會看到這項〔數位相片沖印〕業務將成為本公司賺錢的業務。」[15]在那短暫的期間，他說的沒有錯。

證據很明顯：柯達並沒有「錯過」數位浪潮。當大家聲稱圖1.1的技術大躍進是不可能實現的，柯達則展現出不可能的

圖 1.1
從光學影像過渡到數位影像過程背後的技術變遷。

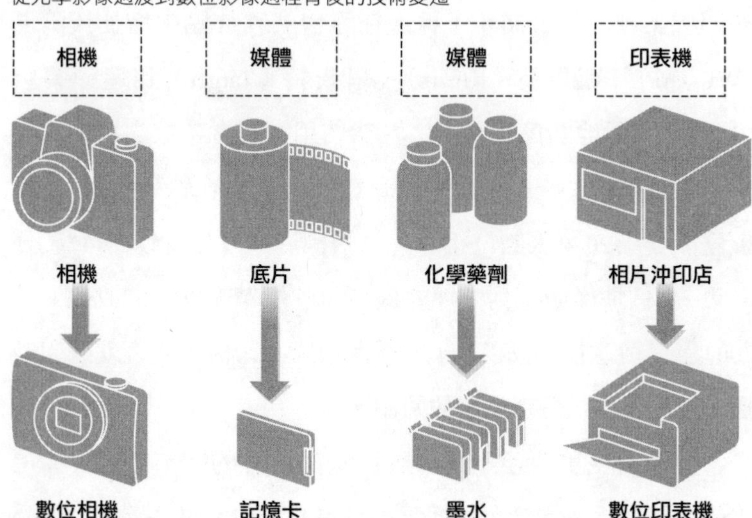

事情是可以實現的。柯達的管理層做了困難的工作，讓利潤基礎從膠捲底片沖印轉變為數位沖印，而且成功了。然而，柯達終究仍然失敗。

柯達到底出了什麼問題？

這就是贏錯賽局的情況：柯達實現成為數位相片沖印市場重要參與者的目標。但是數位相片沖印市場本身就在崩壞，因為數位相片不僅影響相片的拍攝和沖印的方式，還影響相片的使用方式。柯達倒閉，不是因為它沒有成功轉型為數位沖印公司，而是因為隨著數位檢視和分享的興起，數位沖印基本上變得無關緊要。柯達的價值創造不是被競爭對手或直接替代品所顛覆，而是因為相片生態系中的其他地方發生變化，讓柯達成為生態系動態在價值反轉時的受害者。

現代消費者在哪裡保存和檢視他們的相片？不是把相片放在相簿中、不是放在鞋盒裡，也不是放在錢包裡。他們如何檢視這些相片呢？不是用實體相簿來看。紙本相片已被數位螢幕、口袋裡手機的相簿和雲端中的相片圖庫取代。這些情況因而重新定義消費者的價值主張，當曾經著名的「柯達時刻」[16]成為「IG時刻」，現在相片不再是被裱框的相片，而是線上發布的貼文。到2019年，已有超過500億張相片上傳到Instagram，這些相片在IG上非常容易與人分享，但幾乎從未沖洗出來。

簡單講，柯達打贏一場艱苦的奮戰，成為數位相片沖印公司，但卻被數位檢視方式擊垮，這是一種不同的顛覆。

需要採取新的方法

柯達專注於管理技術的顛覆，掌握橫跨科技體制（technology regime）的過渡期，卻忽略生態系顛覆的動態，即其價值創造的基礎發生了最根本的轉變。

柯達的故事引人入勝，因為它完美地說明在面臨生態系的顛覆時，傳統的策略在何處、如何，以及為何崩潰，這應該讓你停下來，好好思考。為什麼柯達的領導高層會犯這麼大的錯誤？為什麼人們會從根本上誤解柯達的故事？最重要的是，你自己的組織可能會忽略什麼事情？

事後諸葛，一切都很明顯。但從實際情況來看，以你的企業來說，期望你和你的管理者制定前瞻性策略，為這些變動的部分規劃，這樣切實可行嗎？要求這種更高境界的洞察力公平嗎？有鑑於這所需要管理的所有其他需求和挑戰，這樣做合理嗎？

上述三個問題的答案都是肯定的，只要你做好準備，就是可行、公平和合理的。當傳統的界限被打破、產生新的價值主張時，建立生態系的策略需要不同的觀點、新的概念，以及新的工具，來了解生態系的動態。

讓我們開始吧！

打破產業界限，也就打破產業策略

柯達不是被其他印表機製造商打敗，而是被螢幕的崛起打敗的；諾基亞不是被傳統的手機製造商打敗，而是被手機軟體應用程式的崛起打敗的。計程車車隊並沒有被其他計程車牌照業者擊敗，而是被車輛共乘平台的崛起打敗的，因為競爭和競爭對手的本質正在發生變化。

傳統的產業分析是根據角色在價值鏈上的位置來定義產業，而投入與產出的順序是從供應商到重點的產業公司，再到買方。想想看，從矽晶圓製造商（如日本的勝高〔Sumco〕），到重點半導體製造商（如英特爾），再到電腦組裝商（如聯想）。這種流程具有明確的方向性，而且各角色之間有清晰的界限。如果你轉移焦點，順序也會發生變化，例如向右移動一步考慮半導體製造商到電腦組裝商，再到經銷商（如百思買〔Best Buy〕）。在上述概念解釋中，商業策略的重點是如何在每個產業框框內競爭，而企業策略的重點是選擇要進入哪個產業的框框內。企業在這些產業框框內競爭，透過不同的成本和品質組合追求優勢：福特與通用汽車競爭，以爭奪更多的購車者；家樂氏與通用磨坊（General Mills）競爭，以爭奪更大的早餐麥片市場；美國廣播公司（ABC）與全國廣播公司（NBC）競爭，以爭奪更多的晚間新聞觀眾。正如波特（Michael Porter）著名的五力分析模型所述，他們獲取價值的能力取決於他們管理競爭程度、與買方和供應商議價、面對替代品威脅，以及與新進者抗衡的能力。[17]

產業分析中「傳統顛覆」的轉折，即克里斯汀生（Clayton M. Christensen）強大的自下而上攻擊模型，把考量範圍擴大到直接的競爭對手之外，重點放在那些使用不同技術、以較低成本和價格獲取市佔率的新進者所帶來的威脅，例如：西南航空等廉價航空向傳統航空公司發動攻擊；像紐柯鋼鐵（Nucor）這樣的「小型煉鋼廠（mini mill）」顛覆了「一貫作業鋼鐵廠（integrated mill）」；以及康諾（Conner）較小巧的3½英寸硬碟機取代了上一代較佔空間的5¼英寸硬碟機技術。早期的技術限制最初會限制這些新進者只為利潤低的買方消費群提供服務，但隨著技術進步和產品變得「足夠好」，新進者的市佔率將愈來愈提高，顛覆主流市場。[18]

這些傳統的顛覆者改變了賽局的遊戲規則，但並沒有改變賽局本身。他們的生產方法不同，但他們的價值和目標完全符合產業界限：西南航空還是在賣機票，紐柯鋼鐵公司還在賣鋼鐵；康納仍然販售硬碟機。他們用新技術顛覆產業內的現有公司，但他們為了相同的獎賞，競爭同樣的賽局，所以產業的框框仍然是一樣的。

產業分析的一個基本問題是，它假設有哪些東西構成「產業」。事實證明，這樣產業的概念非常模糊，因為要取決於參與者對商業活動起點和終點有某種共識；對競爭對手正在爭奪哪些顧客、這些顧客如何區隔有共同的理解；以及對什麼是中心和邊緣有一致的看法。

在過去，我們可以忽略這種模糊的情況，因為相關的參與者以相對一致的方式行事，例如連鎖藥店CVS、沃爾格林和當地的藥劑師在組織、規模和策略上各不相同，但他們的成功都是根據銷售商品和配藥的表現。我們可以簡單地假設一個「醫藥品零售業」，然後接著制定競爭策略。但今天的CVS，改名為CVS健康（CVS Health）公司，不僅包括零售業務，還包括MinuteClinic、Caremark和安泰人壽。CVS在2014年以健康為重點進行轉型，主動選擇停止銷售所有香菸產品，自願放棄香菸每年帶來的20億美元銷售額。MinuteClinic則是在零售門市提供基本醫療保健服務的現場掛號診所。Caremark是美國最大的藥品利益管理公司，掌管9,400萬投保患者的藥物核付方案。安泰人壽是美國最大的健康保險公司之一，擁有3,790萬名保戶。透過把商業活動和價值融合在一起，CVS健康正試圖超越單純的多角化，重新定義賽局。在從配藥到管理健康和養生的轉型中，打破原本定義明確的「醫藥品零售業」概念。執行長梅洛（Larry Merlo）把這種情形稱為「醫療保健的零售化」。[19] CVS健康不僅試圖重新定義終端顧客的價值主張，而且還試圖重新定義實現顧客價值的基本方式。在這樣做的過程中，它已經把在不同產業競爭的努力，轉向建立一個新的生態系。

這是一個不同的世界。當市場的界限清晰、競爭對手的目標一致、參與者之間的相互作用模式已經建立、且沒有爭議時，「假設一個產業，然後再繼續」這樣的指導是有效的。但是，面對結構性變化和多方面的價值主張時，這種指導就變得沒有效。

透過產業的視角，我們可以在產業的框框內，看到改進過程；我們可以在框框內，看到直接替代品的威脅，因為這些替代品試圖取代我們的地位。然而，對於在傳統框框外影響我們價值相關性的那些力量，這種視角卻會讓我們看不到那些力量。若從產業角度來看，功能型手機可以改進，並被智慧型手機取代，但手機永遠不能成為印表機的替代品，結果錯了，這正是擊垮柯達的原因；更好的曳引機只會讓種子和肥料產業受益，結果錯了，今天的智慧曳引機透過高度精度的種植，減少對種子和肥料的需求量，讓每一粒種子都發揮作用，消除浪費；而更有效、更簡單的外送選擇對餐廳老闆會更好，結果還是錯了，餐飲外送Uber Eats和DoorDash等服務已經接管顧客關係，並使餐廳之間更具有可替代性。

正是在產業界限遭遇競逐和重新劃分之際，傳統基於產業運作的策略到達極限，從而產生對生態系策略的需求。傳統策略有可能讓我們的注意力集中在錯誤的問題上，導致柯達贏得技術轉型之戰，但卻輸掉相關性之戰的情況。傳統的策略工具並不是為駕馭這些新領域而設計，而且不出所料，它們也沒有辦法應對新領域。

隨著競爭界限的改變，我們以法規政策規範競爭的方法也必須改變。面對打破界限的企業，市場力量和市場集中度這些傳統的衡量標準變得愈來愈不適用。我們在第二章和第三章對進攻和防禦的討論中，將看到對生態系顛覆者的力量高估和低估的可能性。

什麼是生態系？什麼不是生態系？

當界限本身發生變化時，產業界限無法指導策略。那麼，有什麼替代方案呢？為了駕馭不斷變化的環境，我們必須從要創造的價值開始進行描述，也就是從價值主張開始談起：

定義：價值主張是由終端顧客應該從你的工作中獲得的利益來定義。

決定你的價值主張是理解任何生態系的關鍵第一步。價值主張闡明生態系集體努力所產生的利益，因而確定了後續活動和合作的方向，例如，柯達的價值主張是柯達時刻，我們可以解釋為「透過影像重溫和分享回憶」。

除了闡明利益之外，價值主張還確切點出終端顧客。在有多名合作夥伴和中間者的情況下，決定終端顧客本身就是策略性的選擇。以柯達的主力市場來說，終端顧客是攝影者，他拍下珍貴時刻的畫面，然後在翻閱相簿或欣賞壁爐架上的相片時，重溫回味這一刻。其他參與者如相片沖印商和零售商，對於創造價值極為重要，但他們不是柯達時刻的終端顧客。

令人信服的價值主張是邁向成功的第一步。我們在此運用消費者洞察力，確認協助顧客「完成任務」的核心本質，並遵循「為顧客著想」的真言。

想一想你自己的價值主張，你對它有多大信心？你傳達得有多清楚？你和團隊彼此的表達方式一致嗎？與你的顧客一致嗎？

然而，顧客洞察力和正確的價值主張，只不過是一個開始。洞察力不會自行轉化為行動，最重要的是，你最後帶來什麼價值。我們方法的核心是，在你的組織內部也在合作夥伴的組織裡連結價值主張與實現它的活動，以及我們應該思考如何建立價值，這正是促使我們注重生態系的原因。

那麼，什麼是生態系？在過去的十年中，「生態系」一詞在學術和實務應用的策略討論中變得十分普遍。隨著使用的增加過度，它有可能變得空泛。在大多數當前的商業討論中，「生態系」可以用「混雜」（mishmash）一詞代替，而不會影響句子的含義。這個詞被過度使用，顯示管理者非常重視有必要把其他參與者納入他們的策略當中，但詞義的含糊之處顯示迫切需要進一步的闡釋。

我發現以下定義，對我自己在思考生態系時最有幫助，是本書採取的概念性方法的基礎：

定義：合作夥伴透過價值結構相互作用，向終端顧客傳遞價值主張。

這個定義有三個關鍵要素：[20]

- **首先，錨定一個價值主張**。透過圍繞價值創造目標確定生態系的方向，避免陷入單一公司或單一技術的觀點。
- **其次，有一組可識別、選擇互動的特定合作夥伴來創造價值主張**。生態系統是多邊的，不能單純拆解為一系列的買方和供應商這種雙邊關係來理解，否則你會看到一個複雜的供應鏈，就不需要新的工具來管理或談判了。

- **第三，生態系有結構，參與者在合作安排中協調一致，他們之間有明確的角色、定位和流程。**如果你只看利害關係人的名單，你就會錯過結構的重要作用；如果你只關心為你的平台吸引愈來愈多的結盟夥伴，那麼你就錯過協調一致的重要作用。生態系策略的核心是找到方法將合作夥伴納入結構化的安排中，而且這樣的安排是（1）你希望他們參與；（2）他們願意參與其中。

在本書中，我們會不斷提到這個定義，特別是當我們考慮在生態系中「領導」所代表的意義時，這個定義將提供指引，這部分將於第五章和第六章詳述。

生態系循環

價值創造始終是取決於合作和相互依賴。正是由於需要達成協調一致，在創造價值的合作夥伴之間要建立穩定、固定模式的角色和相互作用，這使得生態系中的策略不同於產業策略。在達成協調一致之前，公司的策略重點是建立夥伴關係和合作的結構以實現價值主張；在達成協調一致之後，重點轉移到在現有結構內談判交換的條件和優勢。

這意味著隨著生態系的建立，生態系會逐漸發展成為穩定的、結構根深柢固的交換模式，也就是我們開始認為的產業。相反的，當這些模式被顛覆時，必須尋找新的結構化相互作用模式的關鍵，就從產業轉變回生態系，這就是生態系的循環。**生態系視角能讓我們理解不斷變化的產業。**[21]

因此，在1905年建立汽車生態系，需要在「鐵馬」[22]的生產商、燃料經銷商、維修服務提供商、風險管理者等各方之間，建立相互同意的角色、定位和流程。只有在這種協調結構穩定之後，界限才變得可以識別，讓我們可以從產業的角度思考，像是汽車產業、維修服務產業、汽車保險產業、監管機構等等。現今，自動駕駛汽車的興起，同時搭配Uber和Lyft等按需式交通服務，讓既有的結構受到質疑，迫使參與者重新審視當前的產業界限，因為他們正在努力確立「交通生態系」的含義和結構。

生態系的概念並不新鮮，自人類文明誕生以來，協調相互依賴的活動一直是一項關鍵的挑戰，古人必須解決道路網絡、水渠、交通治理等問題。然而，在過去十年中，企業嘗試創造新生態系的頻率，以及他們同時嘗試或被迫參與的生態系數量，發生了巨大變化。數位革命刺激這種加劇的情形，短期內不太可能會消失。

對於不斷變化的協調情況，你的策略目標在哪些方面受到影響，需要推動或回應？在我們闡述對生態系動態的觀察和管理方法時，請牢記這個背景情況。

透過價值結構，了解生態系

當變化超出特定產業或技術框框的範圍，而在整個系統中產生巨大影響時，就會顛覆生態系。為了理解生態系的顛覆，我們需要方法將技術和產業層面的變化，與價值主張層面的變化區分開來。為了達到這個目的，我想引入一個新概念：價值結構。

定義：為創造價值主張所聚集在一起的元素，定義了所謂的**價值結構**。

價值結構是一種圖式（schema），透過這種圖式概念表示和組織我們為終端顧客提供利益的基礎：**價值元素**。這些元素是抽象的想法，像是類別的標籤，我們將它們當作基本單元使用，思考如何結合價值主張。

價值結構是組織整理、安排回應關鍵問題答案的方式，問題例如：構成我們價值主張的基本單元是什麼？而將我們的思維錨定在價值元素上，可以讓我們的眼界超越公司、技術和產業的界限，實現新的分析方式。

為了詳盡闡述價值結構，我們從最初對顧客的洞察力開始，清楚說明價值主張的整體概念，以回應對顧客的洞察力，然後把結構分解至價值的基本元素。

圖 1.2
柯達基本價值主張「透過影像重溫和分享回憶」的價值結構。

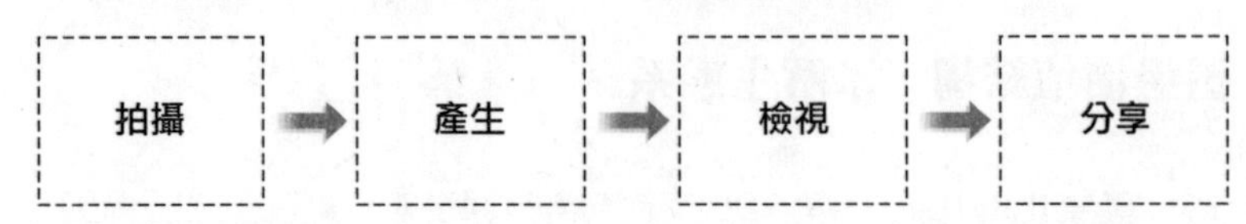

例如，如果我們考慮柯達「透過影像重溫和分享回憶」的價值主張，我們可以辨識出四個價值元素：**拍攝**瞬間；**產生**影像；**檢視**影像，重溫記憶；以及與他人**分享**影像（圖1.2）。

價值結構並非一成不變，它是一個可以演變的策略選擇。例如，我們將在第二章看到線上家居用品零售商Wayfair如何調整價值結構，回應亞馬遜進入其銷售領域。這是Wayfair把原本主張從「線上銷售家具」轉變為「創造你所愛的家」的關鍵。前者的關鍵價值元素是**選擇**、**交易**和**配送**，後者是增加**發現**和**思考**的新元素。Wayfair價值結構的元素是透過合作夥伴、活動和技術（伺服器農場、搜尋演算法、庫存管理系統等）而實現，但塑造Wayfair價值主張的是價值元素，而不是技術。

只有在這個價值結構明確之後，我們才應該轉向更詳細的有形活動：使我們從概念層面，轉移到與現實世界相互作用的任務、環節、技術和生態系合作夥伴。正是在這個層面上，我們考慮了價值鏈、供應鏈、資源和能力。生態系的價值藍圖也在這個層面上運作（圖1.3）。[23]

價值結構的概念提出一個不同於我們在策略領域所習慣的

圖 1.3
對顧客的洞察力、價值主張、價值結構和活動，這些關鍵構想之間的關係，
突顯價值結構是新的分析層次。

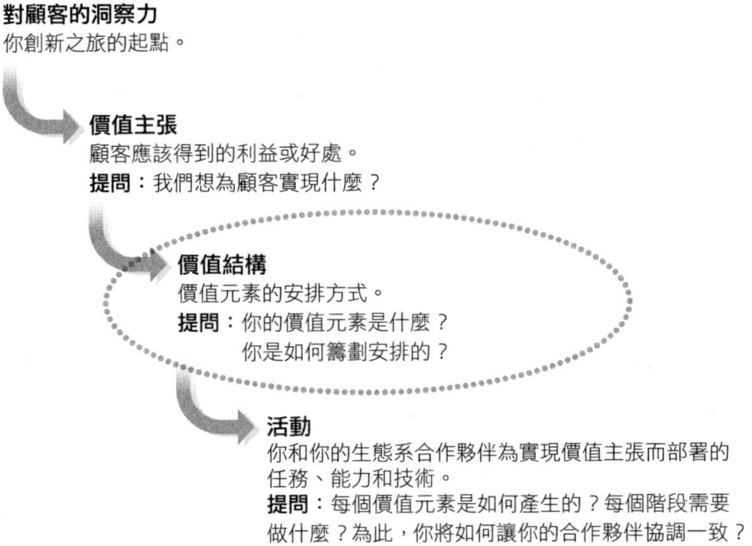

對顧客的洞察力
你創新之旅的起點。

價值主張
顧客應該得到的利益或好處。
提問：我們想為顧客實現什麼？

價值結構
價值元素的安排方式。
提問：你的價值元素是什麼？
你是如何籌劃安排的？

活動
你和你的生態系合作夥伴為實現價值主張而部署的任務、能力和技術。
提問：每個價值元素是如何產生的？每個階段需要做什麼？為此，你將如何讓你的合作夥伴協調一致？

分析單元和分析層次：[24]

- 價值結構不是根據技術、實體環節、活動或連接它們的設計關係來定義。
- 價值結構不是商業模式。商業模式的重點在於你的運作方式讓顧客付錢給你，而價值結構的重點在於你如何建立價值，這是顧客願意為你的產品付錢的價值基礎。[25]
- 結構的價值元素不是價值流（value stream）、價值鏈或

活動系統中的步驟。它們不必追踪活動和物料流的路徑。

- 結構的價值元素不是由消費者在評估產品或服務時，所考慮的屬性和偏好來定義的。因此，雖然它們集合起來創造了價值主張，但各個元素不一定呼應終端顧客對於世界的看法。

專注於價值結構使我們擺脫以技術形式和人工製品（**供應方**）為基礎的分析，並使我們能夠根據價值創造的元素（**需求方**）來用概念解釋。它讓我們區分發生在傳統特定元素框框內的變化（**活動的進行方式**），以及對整個價值元素產生影響的變化（**活動如何對價值主張做出貢獻**）。

你和你的組織是否有系統化的闡述用語，用來討論你們價值主張的依據為何？還是有某種版本的價值結構思考方法？大多數的組織都沒有。相反的，在考慮價值創造時，他們會像策略文獻一樣，提出一個價值主張，然後自然地從他們的活動、技術選擇和組織結構方面來思考。但這樣一來，他們就限制自己管理變革的能力，因為他們的活動、技術和組織結構決定了自身的盲點。

讓我們重新審視柯達的案例，看看如何應用價值結構的觀點，從而產生系統化的方法，來理解生態系的顛覆過程。

柯達的價值結構：更清晰的相片

為了用價值結構評估生態系顛覆的動態，我們從價值元素開始，考慮特定價值元素內活動的變化如何影響其他元素。在我們的柯達價值結構版本中，可以看到在化學攝影的舊世界（稱為第一代），透過光學相機和底片拍攝影像；透過相片沖印店和化學顯影劑產生相片；以使用者喜歡的高品質相紙印刷檢視；並送給朋友和家人加洗的相片分享回憶（圖1.4）。

最初過渡到數位攝影（第二代），需要**拍攝**和**產生**發生變化。在拍攝中，使用鏡頭和底片的光學相機被使用感測器和固態記憶卡的數位相機所取代。感測器解析度決定可以拍攝的影像品質，而記憶卡的容量決定可以儲存的相片數量。這些轉變代表一種徹底、破壞能力的技術變革。在產生的階段中，相片沖印店和化學顯影劑被數位印表機和墨水匣所取代，這些也是徹底的轉變（圖1.5）。

然而，並非所有元素都受到徹底的影響。雖然生產技術發生變化，但檢視仍然是透過高品質的紙本相片完成，這些相片可以放在壁爐架上、放在錢包裡，或者放在家庭的相簿中。

過渡到數位影像使分享這個元素發生有意義的變化，讓朋友和家人透過網路接收相片，而不是直接從相片拍攝者那裡接收加洗的相片。然而，請注意，從一家從事相片沖印公司的角度來看，這種轉變是非常正面的：電子郵件可以與更多人共享

圖 1.4
柯達的第一代價值結構。

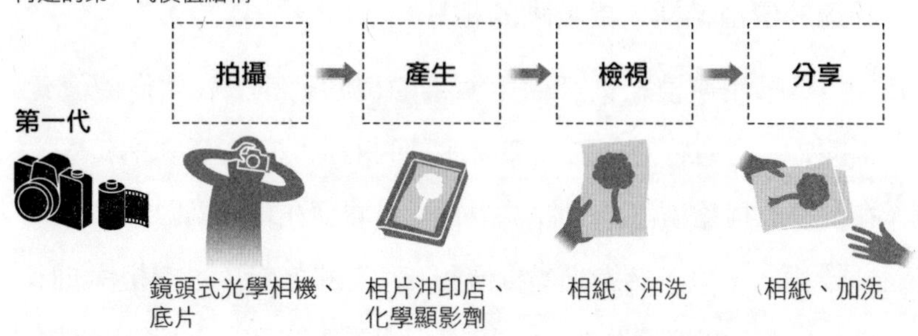

影像檔案，增加沖印特定影像的可能性，因此有助於紙本相片和墨水相關的利潤。事實上，這樣的數位共享替接下要沖印相片帶來便利，是柯達收購Ofoto.com[26]背後的邏輯。在這方面，像Myspace（成立於2003年）、臉書（2004年）和Flickr（2004年）這樣相片密集型社交網路的興起，也被視為對共享和沖印的有利趨勢。然而，正如我們將看到的，隨著第四代更好的顯示器問世，這種正面的關係發生巨大的變化。

傳統的產業層面顛覆發生在這些框框內，但不會牽扯到其他的框框。雖然框框內部的轉換很難管理，但要面對的挑戰還是容易理解的。事實上，如同我們所見，柯達把這些挑戰處理得有聲有色。

隨著數位攝影不斷地進步（第三代），拍攝經歷另一次轉變，因為感測器和記憶體的技術改進和成本降低，使得手機能夠納入相機的功能，這是典型的替代情形（圖1.6）。雖然對於

圖 1.5
在柯達的價值結構中從第一代過渡到第二代。

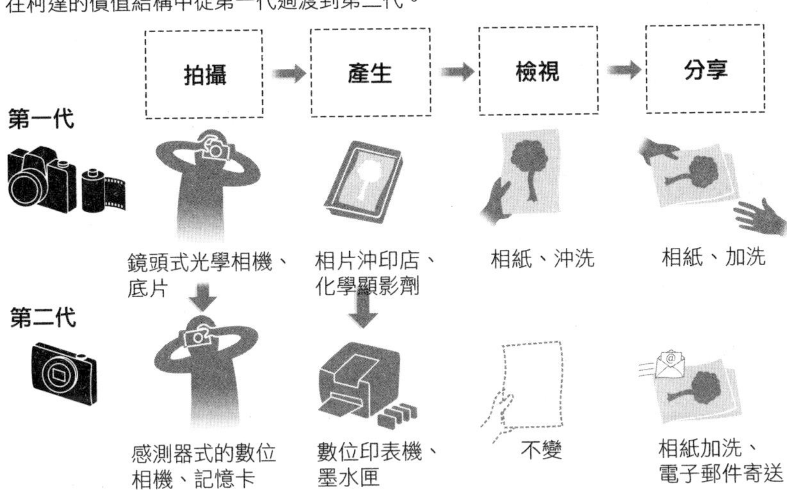

獨立相機的銷售來說，這是個壞消息，但對手機製造商卻是個好消息。對於生態系中的其他人來說，這也是個好消息：有更多的相機更容易使用、記憶體更大、解析度更高，這意味著可以拍攝更多精彩相片，從而可以沖印和分享更多相片。「透過影像重溫和分享回憶」仍然是一個引人入勝的價值主張。柯達決定專注於列印耗材，而不是把數位相機做為其數位利潤引擎的核心，這方面是有先見之明的。事實上，柯達對未來的預測正確，雖然能繼續販售獨立數位相機，但將所有生產從自己的生產線轉移到代工廠，在有照相功能的手機即將大幅削減獨立相機市場之時，退出業務中資本密集型的部分。

進一步的環節改良，催生智慧型手機（第四代）。2007年

圖 1.6
在柯達的價值結構中過渡到第三代。

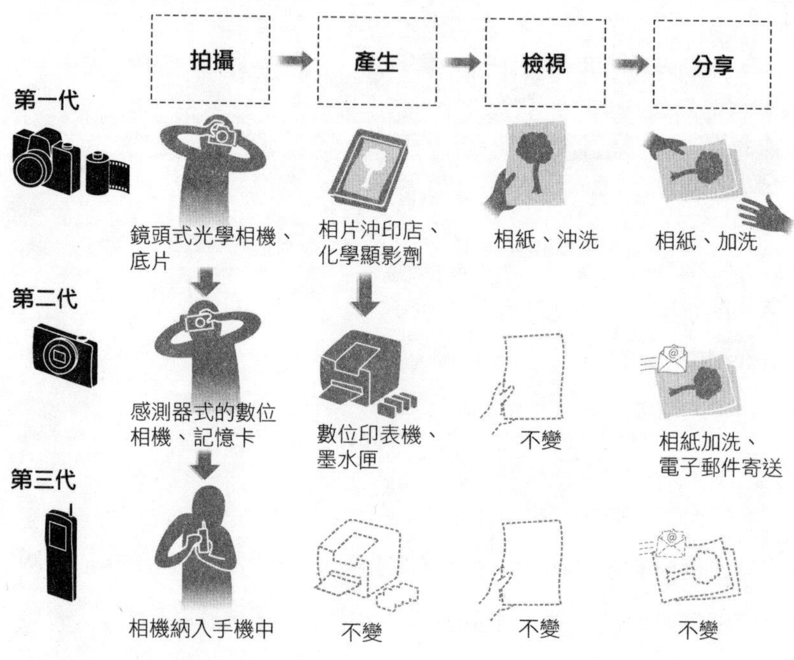

蘋果公司推出的iPhone具有大型觸控式螢幕，改變使用者與手機應用程式的互動，從而產生《憤怒鳥》遊戲的觸覺介面，並使「向右滑」成為一種文化模因。起初，這對相片列印來說是個好消息，因為消費者紛紛湧向具有更好相機功能和配備的智慧型手機，拍攝更多更好的相片。

但隨著螢幕變得夠大和夠清晰，「高解析度螢幕」正是蘋果的品牌理念，戲劇性的事情發生了。用手機檢視相片，在拍照或選擇下載時，不用再瞇著眼睛看著有顆粒感的粗劣影像。

智慧型手機扮演顯示器的新角色，取代在紙上檢視相片的功能。而那些為了改進拍攝裝置的環節，開始對檢視產生影響。

隨著這種跨越框框的躍進，從一個價值元素外溢到另一個價值元素，就導致了生態系的顛覆。**檢視**的劇變將在整個系統中產生巨大影響。首先，不需要在檢視中使用紙張，這就接著影響到**產生**。打破元素之間的界限，意味著印表機、相紙、墨水的價值，以及柯達大筆投資在產生的框框，當中所有豐厚的利潤將很快消失。其次，檢視的轉變將推動分享的轉變。人們不但不再把**分享**的影像列印出來，而且隨著社群媒體的興起，與親友圈其他人分享視覺記憶的概念，擴展到與朋友、也與陌生人分享珍貴時刻，並尋求「按讚」。

數位影像故事中的前兩個過渡期保持了框框的完整性，所有動作都來自圖1.6中的垂直箭頭。因此，這些過渡期都符合傳統顛覆和技術替代的模式。柯達使用傳統策略的工具，能夠沉著地管理這些變化。而最後一次轉變，產生跨越框框的影響，從圖1.7的水平弧線上可以看出，這代表著生態系顛覆的動態情況。當一種價值元素的變化，改變另一種元素的賽局時，生態系就會出現顛覆。

雖然在理論上，無紙化世界的概念已經討論很久，但從未實際實現。數十年來，數位影像和用於編輯及搜尋影像的軟體已被廣泛使用，但目的是為了最終把影像列印出來，所以是用來選擇和改善影像的。只是隨著無處不在、高品質、網路連線

圖 1.7
柯達價值結構中所有四個數位影像轉換，突顯出在第四代橫向、跨越框框的動態影響。

的顯示器崛起，相片的實體列印生產才被顛覆。在這裡，我們可以看到軟體如何吞噬世界，但前提是硬體已萬事俱備。

價值結構影響觀點

在生態系顛覆的背景下，闡述明確的價值結構極為重要。

為什麼柯達和後來的分析師忽略生態系顛覆的動態？因為他們從產品和技術供應方轉變的角度定義世界，請見圖1.1。這種圖式只強調在傳統、框框內部的顛覆性世界中取得成功所需的躍進。但是使用技術的視角，讓他們對橫跨框框的動態視而不見：他們可能還信心滿滿地認為，照相機永遠不會成為印表機。從他們這個角度來看，不可能看出相機這個環節，怎麼會成為列印的威脅。

有了明確的價值結構，就能區分這兩種轉換的差別，一種是在傳統產業，特定元素遵守在框框界限內的轉換。這是傳統的顛覆：活動進行方式的變化。另一種是那些影響整個價值元素的轉換。這是生態系的顛覆：活動對於價值元素的貢獻方式產生變化，而價值元素是價值主張的基礎。

你的價值結構是關鍵的選擇，相同的價值主張可以透過非常不同的價值結構和元素來描述。這些不同的結構將反映如何思考特定價值主張的不同理念。因此，不能根據正確與不正確的某些絕對衡量標準判斷它們。相反的，只能在有用與無用、有利的與限制的、共用的與特異的範圍內，對它們進行評估。然而，價值結構的具體選擇極為重要，因為它對公司如何解釋其環境變化、如何尋求機會、如何協調合作夥伴，以及如何實現其最終價值主張具有深遠的影響。事實上，價值結構是一種方法，透過這種方法，我們可以為差異化和消費者支付意願的驅動因素等原本模糊的概念，賦予有意義的形式。

價值結構的視角讓我們聚焦在價值的建立上，透過這種方式浮現出變化，這些變化超出單一產業的框框，並在整個生態系中產生巨大影響。在整本書中，我們將使用價值結構探索動態，增加我們對策略、組織和領導力的理解。讓我們先理解得力的合作夥伴如何轉變為競爭對手。

價值反轉：朋友如何變成敵人，趨動生態系的顛覆

柯達的故事既震撼，又具有啟發性。它之所以震撼，是因為擊敗柯達的不是傳統的對手，富士沒有在底片上超越柯達；也不是柯達無法掌握的新技術，柯達後來成為數位沖印的巨頭；也不是對顧客洞察力的失敗，柯達的核心價值主張是，透過影像重溫和分享柯達時刻的回憶，它仍然貼近市場。柯達的故事之所以具有啟發性，因為顯示採用框框內技術為主的觀點，是如何讓組織忽視關鍵的轉變，而盲點會引發後果。

當新技術或活動模式以直接替代的方式，替代另一種技術或活動模式時，就會發生傳統經典的顛覆，所以數位相機取代光學相機，數位印表機取代使用化學藥劑的相片沖印店。這時的變化發生在單一框框裡，並保持在該框框中：相機仍然是相

機，印表機仍然是印表機。

生態系的顛覆可就是截然不同的變化類型。在這裡，一個地方的變化會影響另一個地方：相機開始承擔紙張的角色，因而消除對印表機的需求。這種顛覆不光是替代，而且重新定義價值。我們怎樣才能提高我們預見這種事情即將發生的能力？

要了解生態系顛覆的動態，我們的思維必須錨定在價值元素的角度上。這讓我們明確地思考一個元素中出現的變化，如何對整個價值結構中的其他元素產生巨大的影響。無論你自己的組織是否參與引起變化的元素，若該元素是你結構的一部分，你都需要積極考慮它對你的潛在影響。

當你觀察到的變化是會影響每一個元素時，你必須提問更大的問題：它是如何影響每一個元素的？這對你的計畫有什麼影響？

如果這聽起來比你平常的分析更複雜，沒錯，確實如此。但是，你只需思考柯達公司的倒閉，這可是由表面上「未知的已知」（unknown knowns）[27]驅動的，就能理解若不進行這種分析，付出的悲慘代價原本可以避免。英特爾的傳奇執行長葛洛夫（Andy Grove）有一句名言：「唯偏執狂得以生存」（Only the paranoid survive.）。深入研究你的價值結構，就是把這種偏執轉化為生產力的方法。

傳統顛覆和生態系顛覆之間的主要區別在於，威脅的來源不是從對手開始，而是從價值的良性共同創造者開始。要理解這一點，我們需要重新檢討導致價值創造和價值破壞的相互作用。

基礎經濟學區分與焦點組織、也就是與你相關的三種參與者：競爭對手、替代者和互補者。

- 傳統對手試圖以基本相同的方式贏得同一場賽局。如果你是索尼的PlayStation，微軟的Xbox就是遊戲機市場上你的直接競爭對手。隨著競爭對手的成效提高，你的附加價值降低，你的情況會變得更糟（圖1.8，左）。
- 傳統替代者也試圖與你在同一場賽局中取勝，但方式不同。如果你是索尼的PlayStation，潛在的替代品包括智慧型手機和線上遊戲平台，如Steam線上遊戲平台或Google的雲端遊戲串流平台Stadia，[28]它們讓使用者在不需要專門硬體的情況下就能玩電玩遊戲。隨著你的替代者的成效提高，你的情況會變得更糟（圖1.8，左）。
- 相較之下，傳統互補者會提升你的價值。互補者提供自己獨特的產品，這些產品提高你的重點產品的價值。如果你是Sony PlayStation，則互補者包括為你的遊戲機開發的遊戲，以及讓遊戲玩家聚集在一起的線上討論社群。隨著你的互補者進步，他們增加你的產品創造的價值，並使你得到更好的發展。這實際上就是互補性的正式經濟學定義（圖1.8，右）。

圖 1.8
焦點企業自身的情況與競爭對手、替代者（左）和互補者（右）的成效，彼此之間關係的標準特徵。

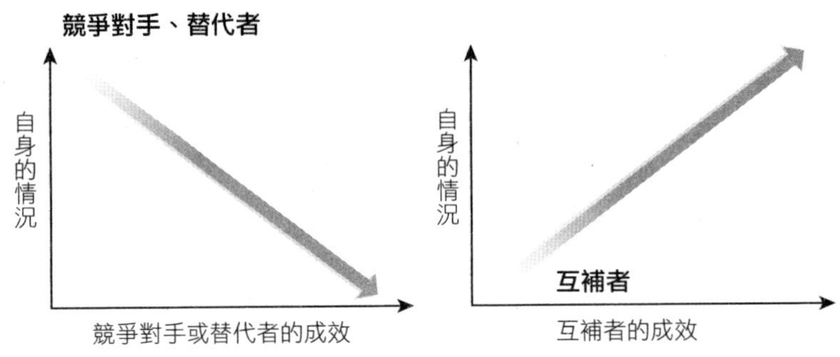

互補者可以透過三種不同的模式顛覆核心企業。第一種，他們可以採取使核心市場商品化的方式，例如微軟與英特爾聯手締造的「Wintel」聯盟，即微軟 Windows 作業系統加上英特爾（Intel）處理器的個人電腦標準，促使 IBM 等組裝電腦商品化。第二種，他們可以透過垂直或水平整合進入核心市場，成為直接競爭對手，例如網飛 Netflix 進入影片製作的市場。然而，我們在此主要關注的是第三種模式，即價值反轉。前兩種模式表現出利潤和市佔率的下降，而第三種模式破壞相關性，這是一種更具殺傷力的威脅，因為失去市場比利潤流失還要慘。[29]

要理解生態系的顛覆，我們需要對互補者的看法進行重要的修訂：雖然根據定義，所有互補者的最初貢獻都必定是正面的，但他們持續的發展可能會導致非常不同的途徑出現。有些互補者會隨著改進而繼續提高焦點產品的價值，這代表**持續的綜效**；其他人則是達到一個地步，他們的持續改進不再對焦點產品有所影響，這代表**成熟度**。對於理解生態系的顛覆，最關鍵是第三個發展過程，這代表**價值反轉**，指的是互補者的持續改進超過一定程度後，努力的效果會反轉，並開始破壞焦點產品的價值。這是你的互補者轉變為替代者的動態過程，此時你的合作夥伴成為你的威脅。

對此深刻的發現是，互補者可能變得「太好了」，並開始破壞你的價值創造。此外，這可能在互補者完全沒有改變方向或意圖的情況下發生。在傳統的顛覆中，變得足夠好的替代者可能會威脅到你創造價值的技術，讓你的技術被淘汰。在生態系的顛覆中，變得太好的互補者有可能使你創造的價值被淘汰。這是一種截然不同的挑戰。

三種互補者的發展過程

讓我們從柯達的角度探討這些發展過程，這家公司的利潤基礎來源於銷售墨水、相紙和印表機，這些產品是數位影像的生產元素。

基線關係（baseline relationship）是指具有數位相機功能的智慧型手機對數位沖印功能的互補：愈來愈普遍、且更易於使用的手機配備改良的相機，增加了拍攝相片的數量，也增加有列印價值影像的數量，還又增加列印影像的數量，帶動墨水和

圖 1.9
互補者的成效與焦點企業自身的情況，會有三種可能的關係，
以焦點企業專注於從數位沖印耗材中獲利為例。

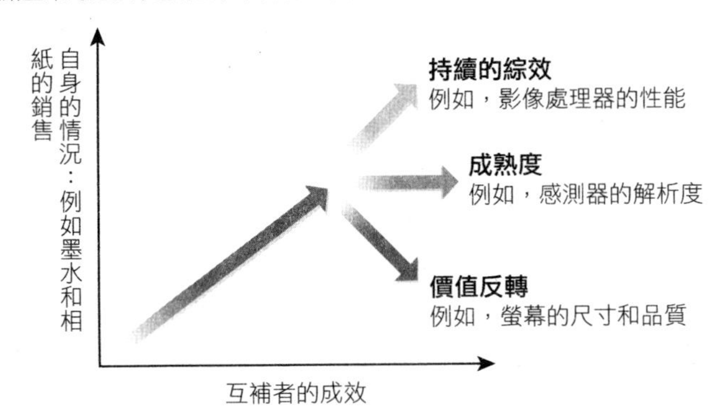

相紙的使用增加，從而帶來柯達算盤中的數位利潤。

要注意，儘管柯達退出銷售相機的領域，但**拍攝**仍然是其價值結構中的重要元素，因為它具有關鍵的影響，讓產生的環節有助於整體價值主張，而價值主張仍然是柯達時刻。

思考一下有助於改進智慧型手機相機的三個不同環節：支持智慧對焦和減少模糊等功能的影像處理器、決定拍攝解析度的感測器，以及讓使用者不用瞇著眼睛看狹小的取景器，就可以檢視和進行場景構圖的螢幕。

這三個環節的技術說明互補者可以照著不同的過程發展：持續的綜效、成熟度和價值反轉。

發展過程一：持續的綜效。我們通常認為互補者的成效是全然的好處，因為我們的合作夥伴愈好，夥伴關係就愈好；環節表現地愈好，我們的產品就愈好。在柯達的案例中，影像處

理器純粹是發揮綜效作用：更好的影像控制可以產生更好的相片，從而拍攝更多相片，產生更多值得列印的相片。

發展過程二：成熟度。一些互補者會因性能改進，導致邊際效用降低，當性能超過某個水準時，持續的改進會開始變得愈來愈不重要。例如，在數位攝影的早期，增加感測器像素密度對價值主張極為重要。兩百萬像素的相機拍攝出顆粒狀、解析度低的相片。隨著感測器的改良，提供400萬、600萬和800萬像素的相機，相片的品質顯著提高，即使在4×6英寸，甚至8×10英寸等更大尺寸的相片沖印格式，列印的影像也與傳統化學藥劑沖洗的品質旗鼓相當。然而，超過一定程度後，提升到更高的解析度並不重要。2,000萬像素和3,000萬像素相機之間的區別，只對牆面大小的相片有差別，對大多數使用者無關緊要。顧客不再重視性能提高的這種動態，往往導致互補品生產商之間發生商品化，但焦點公司不受影響。

發展過程三：價值反轉。價值反轉是互補者與核心企業之間利益關係的反轉，導致核心產品從市場上被取代，因為其價值創造的基礎受到破壞。這種動態在價值元素中特別突出，但很容易被忽視。

這裡介紹的價值反轉對現有策略文獻來說是新的概念，帶來深遠的影響，而價值反轉就是生態系顛覆的原因，導致柯達最終垮台。透過這種動態發展，對一個元素（**拍攝**）創造價值有利的互補物，會破壞另一個元素（**產生**）的價值創造。從影像沖印公司的角度看，更好的螢幕最初是絕對正面的效果。隨著螢幕的尺寸和解析度提高，可以讓人們更好、更輕鬆、更自信地拍攝相片。

但是，隨著螢幕從專用相機的背面，移到無處不在的智慧型手機的正面，解析度和尺寸又都改善，在裝置螢幕上檢視影像的品質，開始與列印出來的相片品質不相上下，核心（相片列印）和互補（相機）之間的價值關係，開始從正面轉變為負面。突然間，改進後的相機及其改進後的螢幕，本來是為了提高拍攝的元素，卻在新的地方 —— 檢視的元素 —— 影響價值創造。智慧型手機相機開始以新的方式、在新的地方影響價值創造，從這裡開始出現價值反轉。圖1.9中的轉折點標誌著智慧型手機相機從列印的互補品，轉變成列印的替代品。

相機其他方面的改進，例如更大的儲存容量和影像管理，又把這種效果放大。這是生態系的破壞，它為進一步的動盪埋下伏筆，因為更好的網路連線、行動雲端的出現，以及社群媒體網路的興起，使這種影響變得更加強大。

你所有的合作夥伴都是互補者，他們幫助你創造價值。在你的歷程開始時，就定義而言，你們的關係是正面的。然而，這種關係會漸漸地改變，並且會發生驚人的變化。與傳統的攻擊者不同的是，顛覆產業的互補者不是產業的新進者；相反的，他們已經在生態系中佔據一席之地，擁有與合作夥伴和顧客建立的關係所帶來的所有好處。因此，了解他們所處的發展過程，對於評估你的真實競爭環境極為重要。你可以制定策略，以順應在三種不同發展過程上的合作夥伴，但你的計畫會根據他們所處的發展過程有很大的差異。關鍵是要在自己的價值結構中，看到合作夥伴效能改善的反應結果。

預測價值反轉：揭開「未知的已知」面紗

雖然我們永遠無法克服忽略「未知的未知」（unknown unknowns）[30]這種攸關生存的風險，但我們經常看到公司因為忽略「未知的已知」的資訊而失敗。事實上，這些資訊是可掌握的，只是在更大的背景下沒有得到適當的定義。透過提出一系列新問題，提供新觀點，我們將增加成功的機率。

價值反轉打破產業框框之間的界限，推動生態系的顛覆。顛覆的力量駐留在生態系中，不是威脅，也不是處於某種隱蔽、潛伏的狀態，而是清晰可辨、（最初是）有助益和富有成效的貢獻者。正是這種最初的貢獻作用，使傳統的策略工具無法看到價值反轉，直到為時已晚。這就是生態系的顛覆只能從價值建立的角度理解的原因。我們將看到這一點體現在公司調整其價值結構的方式，以削弱生態系的顛覆（詳見第二章），以及他們在建立價值結構和協調合作夥伴推動顛覆時，是如何部署優勢（詳見第三章）。

價值反轉的種子很容易被忽略，但並非不可能被發現。雖然早期訊號可能很微弱，但我們可以透過想像實驗，積極主動地放大它們對未來的影響。**提問：如果某個合作夥伴的性能提高十倍，而價格降低十倍，我的價值結構會受到什麼影響？**

如果夥伴的性能無限地提升，價格不變，這讓你滿意，那麼你就不用擔心價值反轉。如果夥伴的性能無限地提升，價格不變，這讓你感到緊張，那就繼續探究。

諷刺的是：儘管柯達的相片沖印策略沒有注意到不斷改進的螢幕所帶來的影響，但柯達自己卻也有一項成功的產品，這個產品有如壞事來臨的前兆，就是獨立、連接網路的數位相框。這種專屬的單一用途螢幕，讓使用者上傳和檢視相片，而無需列印。美國數位相框的銷售額從2006年的1.8億美元成長到2010年的9.04億美元，柯達一度成為數位相框市場的領導者。[31]但是數位相框被認為是快速商品化的新奇物品：「它們很複雜，用起來很麻煩，從來沒有人去更新裡面的相片。」[32]這些都是事實。即使在今天，獨立的數位相框還沒有取代大多數人家裡壁爐架上的紙本相片。但是，把某事當成新奇事物來看，就可能會忽視其影響。

如果我們知道要尋找生態系的顛覆，我們可以明白數位相框所代表的不同含義。要做到這一點，我們需要：

（1）考慮性能和價格的極端改進：不是兩倍，而是十倍或二十倍的幅度；以及

（2）質疑我們價值結構中所有元素的含義，而不是只看當

前位置的含義。

從這個有利的角度，我們可以開始看到跨元素替換的潛力；我們可以看到螢幕發揮紙張的價值創造作用；我們可以看到數位儲存發揮相簿的作用；我們可以看到數位傳輸消除加洗相片的部分。而在觀察我們的環境時，可以看到隨著智慧型手機的興起，低成本、高性能的螢幕變得愈來愈普遍。我們有結構化的方式，看待和解釋智慧型手機的潛力，因為隨著不斷增加的儲存容量和網路連線速度，智慧型手機成為數位相框的極致，並因此成為沖印相片的替代品。

當然，本書不是要預言未來。但如果我們知道如何在當前尋找正確的線索，就能明白相當多的未來情況。

觀點的力量：利盟（Lexmark）積極應變的案例

真的可以預測到生態系的顛覆嗎？印表機製造商利盟的應變清楚地顯示：（1）可以解讀不祥之兆；（2）即使你無法改變趨勢，也可以積極回應。

利盟專注於文件列印，而不是相片列印，但面臨的情況與柯達幾乎相同。推動大量文件列印的電腦和螢幕變得愈來愈普遍、方便攜帶和與網路連線，所以隨著數位辦公室威脅有可能成為無紙化辦公室，利盟的未來將出現價值反轉。

在利盟的2010年度報告中，執行長魯克（Paul Rooke）提出明確的要務：「利盟的客戶正在……減少紙本文件檔案的實體處理、移動和儲存，以及減少不必要和浪費的列印。」[33]這句話以我們的用詞來說，意思是：價值結構正被顛覆，檢視和分享的元素正在發生變化；螢幕正在取代紙張，價值反轉即將到來，而這正是發展趨勢。

了解這個趨勢的不可逆性，利盟的應變是重新審視和改造結構。關鍵的發現是，數位資訊替新的價值創造製造機會。為此，利盟運用仍然強大的股權進行大量收購，出售旗下的印表機硬體業務，並用所得資金加碼投資文件檔案和工作流程管理的軟體。魯克解釋說：「在我們管理這些內建掃描機的多功能裝置時，發現自己從紙本上獲取內容，並進入數位基礎設施，所以我們希望比以往做更多的事情。你會看到我們對內容進行更多解釋，並根據檔案內容自動傳送檔案。」利盟把重點從紙本的列印，轉向數位檔案的管理。[34]利盟發現並接受事實，知道自己在印表機產業的地位即將無法持續，所以能夠及時改變方向。當然，關鍵是利盟趁自己仍處於一定的優勢地位時，開始走在這條轉型的道路上。

利盟從2010年以2.8億美元收購Perceptive Software，接著陸續收購總共14家軟體公司，建立實力和市場佔有率。結果如何？利盟於2016年11月被一家私募股權財團以40億美元收購。[35]這與利盟2009年11月轉型前的17億美元企業價值相比，我們看到一家公司明顯未倒閉的證據，比起依靠墨水銷售這種單一業務來生存的數位沖印公司，利盟的命運遠比破產要來得好。

應對生態系的顛覆

在柯達案例中，智慧型手機的相機、螢幕和儲存的發展過程，有力地說明互補品成為替代品和帶有殺傷力的競爭力。從中，我們還看到即使在沒有策略意圖的情況下，也會發生這種情況，像是iPhone並非為扼殺相片沖印的市場而開發；螢幕製造商並未夢想要佔領相紙市場。在這種情況下，市場流失是由旅程開始時還是合作夥伴和盟友的公司，偶然地造成的附帶損害。這是最真實天搖地動的轉變：劇變造成嚴重破壞，但並不是有意攻擊，事情「就是」發生了。

顯然，柯達無法阻止潮流轉向數位影像的數位化應用，以及隨之而來沖印業務被顛覆，沒有人能夠阻止。但如果柯達了解生態系顛覆的動態，有可能會改變自己的方向。此外，如果柯達的領導高層了解生態系的破壞潛力，他們原本可以尋求其他的選擇，[36]這些選擇包括：[37]

專業化。在數位影像領域競爭，但專注的空間可以繼續受益於環節的改良。如果柯達能夠預見到，消費者用普遍的智慧型手機相機拍攝和儲存的數位影像會呈指數級成長，柯達原本可以在自行開發、自有的龐大尖端感測器和影像處理技術組合的基礎上，進行發展，而且柯達原本就擁有超過1,100項專利，並獲得數十億美元的專利收入，光是使用柯達的「218」專利，三星和LG就分別支付5.5億和4.14億美元。[38]如果柯達當初選擇不同的重點，或者只是分散籌碼，本來可能會成為感測器市場的大廠，索尼今天在這個市場上賺了數十億美元。專業化的行動應該建立在內部實力的基礎上，正如我們從利盟的例子所見，透過鎖定目標收購其他公司，讓自己的實力大幅增強。

擴展。思考哪些副業可能會變成受到矚目的焦點。柯達是雲端相片管理的早期先行者，最著名的是收購Ofoto，但是這個網站的重點是鼓勵分享相片，以推動相片的沖印，而不是擁抱社交網路的趨勢。如果柯達更認真地看待影像儲存、管理和分享的議題，發現接近無限的儲存，會增加人們對智慧搜尋和檢索選項的需求，可能就會優先考慮**分享**的元素，或者衍生一個新元素，例如**封存**。

多角化。發現你的市場地位是脆弱的，不要把籌碼都集中在同一個地方。由於急於進軍數位沖印的領域，柯達的高層出售公司利潤豐厚的部分，尤其是醫學影像的業務。如果當初更能充分理解生態系的風險，柯達就不會過度押注於相片沖印的領域，而主要競爭對手富士則是選擇多角化，他們在面對類似的情況時，選擇跳脫相片業務，將他們在化學方面的能力，部署到其他市場，進行創新，尤其是藥物的開發和生產。

找到利基市場。如果你不能想出積極的行動方案，那就先保留你的資源，直到出現方案為止。在最壞的情況下，考慮重新定位到一個可以防禦的利基市場，然後你可以從中啟動新的計畫。[39]相片沖印的機會並沒有消失，但已經從沖印一疊4×6英寸的相片，轉變為由商業影印店來從事專業列印，像是列印相簿、壁貼家飾、個人化禮品和特殊影像。[40]

柯達的內部肯定也在爭論這樣的替代方案。但是，如果沒有對生態系動態有充分的認識，也沒有策略性用語來表述緊張的直覺，這些問題就無法得到應有的關注，[41]等同把公司的未來押注在即將消失的數位相片沖印市場，慢慢走向這個災難的決定。柯達在數位印表機上浪費大筆的錢，最終沒有足夠的資金對專利基礎進行適當的保護。

贏得正確的賽局

面對生態系的變化，有許多策略選擇。但是，只有從大局出發來理解這些選擇，才能有信心和有效地執行。柯達的故事顯示，只根據活動和技術來解釋轉變是有危險的。若要應用到你自己的獨特情況，柯達的啟示是，無論變革的驅動因素是什麼，是新進入者、新技術，還是社會壓力，了解變革對跨越框框的影響，對於有效管理它所創造的挑戰和機會極為重要。你還必須把目光投向創新之外，了解創新對價值元素定義的影響，以保護你自己的價值創造和持續保有在產業中的關聯性。

你的價值結構也是考慮你在更大範圍內角色的一種視角，因為利害關係人資本主義[42]的興起正在擴大企業的受託任務，超越以往關注於把規模、效率和股東價值最大化。除此之外，生態系的興起創造機會，不僅可以重新構想你的價值主張和競爭環境，還可以重新構想它們背後的基本關係。透過解讀價值創造所依據的假設，仔細評估你選擇的目標和你關注的限制，你的價值結構提供一張路線圖，連結利害關係人的要求與你的策略，以及連結你的策略與利害關係人的要務。當我們在接下來的章節中考慮創新結構和協調合作夥伴的方法時，要了解這些想法一般適用於相互依賴的環境，因此可以應用於提高商業市場以外的成效。

在新的舞台上有效競爭需要新的視角，我們需要從更遠的距離觀看更大範圍的格局，要從我們所處的生態系層面上思考問題，而不是僅僅著眼於我們的產品、我們的公司或我們的產業層面。否則，我們就會面臨柯達的命運，好不容易辛苦贏得勝利，卻發現贏得錯誤的賽局，那就為時已晚。

清楚掌握你的賽局，表示透徹了解你的價值主張和你認為是建立價值結構基礎的元素。

你的價值結構提供關鍵的視角，透過它可以理解、引導和啟動生態系賽局中的行動。傳統的競爭和顛覆仍然非常重要，因為它們構成來自框框內部的威脅。然而，價值反轉和生態系的顛覆帶來新一類的挑戰和機會，這些挑戰和機會在框框之外不同的層面上運作。擴大對局勢的檢視，幫助我們看得透徹，讓我們建立更強大、更成功的生態系策略。

具備這些基礎，讓我們思考如何主動積極面對賽局，**在我們面對生態系的顛覆者時，如何從察覺到局勢變化，轉變為影響局勢**。接下來，我們將從關注第二章生態系的防禦開始，這將使我們更了解之後第三章生態系的進攻。

第二章

生態系的防禦：協力合作

處處設防，等於沒有設防。

——腓特烈大帝

想像你花費好幾年時間經營產業轉型的願景。想像你已經說服投資者在這個瘋狂的旅程中堅持到底，最終說服你的合作夥伴協調一致，支持你的價值主張，最終把你的產品推向市場，第一次嚐到成功的滋味，然後卻被人鎖定，面臨生態系的顛覆。

柯達會被顛覆，是因為生態系中其他地方的互補者，他們的進步反給柯達附帶損害。然而，生態系的顛覆通常是策略性的，起因於決定從你那邊掠奪市場的對手集中了火力。生態系的顛覆者從新創公司到產業巨頭都有，在他們醞釀成熟時，他們從相鄰的市場汲取資源和動力，可不是偷偷摸摸地敲門進入你的市場，而是用大肆破壞的方式長驅直入。那該怎麼辦？

如果你是埃克（Daniel Ek），辛苦了九年建立Spotify的音樂串流服務，使其成為一種可行的商業模式，而就在2015年事情終於塵埃落定之際，蘋果卻全力推動Apple Music壞了你的好事，你該怎麼辦？

如果你是沙阿（Niraj Shah）和康南（Steve Conine），好不容易最終把Wayfair打造為網路上首屈一指的家居用品零售商，而你在2017年4月的一個晴朗早晨醒來時發現，亞馬遜宣布家具產業是他們下一個主要優先目標，你該怎麼辦？

如果你是古迪恩（Harold Goddijn），2008年領導荷蘭衛星導航巨頭TomTom時面臨一場惡夢，因為Google直到昨天，還是你地圖資料服務的最大單一客戶，然而Google剛剛推出Google地圖，成為與你競爭的服務項目，並且向所有人開放，完全不收費，你該怎麼辦？不只是所有智慧型手機都可以免費替代你的核心GPS裝置業務，而且隨著Google對資料的開放方式，那些原本要為你的地理資料付費的公司，現在可以免費獲得這些資料。

這些在產業中原本是龍頭的公司，每一家都是「天生數位化」、同時肩負「產業顛覆者」的地位。但是，每家公司後來都發現自己被人緊緊盯上，面對著更大競爭對手，而對手還自己打著要來顛覆的算盤。蘋果、亞馬遜和Google擁有龐大的權力、資源和野心。理論上，Spotify、Wayfair和TomTom應該被徹底擊垮。如果他們遵循產業競爭的舊規則，可能會被擊垮。然而，在生態系巨頭的持續攻擊下，多年來，他們的情況各不相同，有的得以倖存，有的茁壯成長。

在面對生態系顛覆者時，聰明的捍衛者必須動員自己生態系的多個部分，創造一個集體的盾牌。我們將看到這些公司都沒有採取一貫的正面回應，而是打了一場擴大的賽局。他們遵循生態系防禦的原則，加強他們的價值結構，調整他們的合作夥伴聯盟。生態系防禦是一種集體防禦，如果你單打獨鬥，就做錯了。

請注意，對於面對巨頭公司的防禦者來說，獲勝通常不是要摧毀攻擊者，而是要找到成功、有利可圖的共存基礎。可以肯定的是，不管怎樣，這三家公司的命運會漸漸地發生變化。無論未來結果如何，他們說明了生態系防禦原則的相關重要性將會持續下去。

生態系防禦三原則

建立有效的防禦取決於要知道你在防禦的是什麼。

傳統的競爭對手往往追尋類似的價值結構，如同我們在第一章所見，這就是產業界限概念的基礎。而生態系顛覆者與眾不同之處在於，他們動員不同的元素組合，以不同的方式競爭。要防禦這種邏輯與你不對稱的競爭對手，就需要深入研究你自己的價值結構，確定你是哪個特定價值元素受到攻擊，好制定有效的應對措施。

透過了解生態系防禦的原則，我們也將為了解生態系進攻奠定基礎，這部分將在第三章進行探討。**生態系進攻的邏輯，著重把合作夥伴集合起來，成為口徑一致的結構，而防禦的邏輯則著重維持重要的合作夥伴聯盟。**進攻者希望建立新的價值結構，而防禦者則以完整的價值結構為起點，也就是你需要防禦的業務，然後考慮能夠怎麼修改。

正如我們所見，你的價值結構不僅僅是一種用概念解釋價值創造的方式，它也有如一面稜鏡，透過稜鏡從不同的面向，解釋價值創造如何受到威脅，以及如何加以保護。若對價值元素及元素之間的關係有明確的了解，我們對威脅的解釋和策略回應的邏輯就能更加連貫，而這些回應由生態系防禦的三個原則指導：

原則一：透過延攬和重新部署合作夥伴，修改你的價值結構。案例說明：Wayfair與亞馬遜

原則二：透過尋找志同道合的合作夥伴，確定可防禦的地方。案例說明：TomTom與Google

原則三：約束你的野心，以維持你的防禦聯盟。

案例說明：Spotify與蘋果

以上原則是相輔相成的，它們協同工作，但哪一個原則更重要則視實際情況而異。我們將在Wayfair、TomTom和Spotify的案例中，鮮明地看到這些原則發揮作用。這些公司在各自的市場開創新的結構，承擔生態系顛覆者的任務，然後發現自己被更大的顛覆性巨頭給緊緊盯上。除了簡單的防禦之外，我們將看到這些原則如何促進價值結構的全面改造，使這些顛覆者兼捍衛者原本的產品重新煥發活力。

面對生態系的攻擊，自然的反應是加倍執行當前的策略。而在面對生存威脅時，退一步來進行「想像空間大的思考」並不自然。但正是在這裡，新的思維是絕對必要的。

原則一
透過延攬和重新部署合作夥伴，修改你的價值結構

修改你的價值結構，這需要改變構成價值主張的具體元素。這意味著要根據競爭環境的變化，更新你的價值創造理論。由於價值元素是透過你與他人的合作產生，在思考修改元素時，也意味著調整你的合作夥伴策略。

以一般的原則來說，防禦者應該尋找機會，用對他們更有意義、而對攻擊者較無意義的方式，修改價值結構，所以透過專注於做更難的事情，也就是從自己更狹窄的焦點來看是自己特有的事情，把自己更專業的事情變成一種資產。

生態系的顛覆者可以是新創企業的新進者，但當他們從其他生態系的既有位置，把資源和關係傳遞過來時，他們的威脅性會最大。然而，這些不斷擴張的現有公司面臨著一個關鍵的限制，因為與市場專家相比，他們的計算和優先事項包含的範圍更廣。他們是通才人員，所以有很強的動力，把自己的資源投資於開發在整個市場中最能廣泛適用的項目。在這方面與專家相比，他們投資於僅適用特定市場專精項目的誘因和急迫性就較小。

如果這些變化確實富有成效，為什麼需要顛覆性攻擊才能推動這種變化呢？簡略的答案是自滿，但是簡略與正確的答案不同，因為一些防禦動作只有在受到進攻的情況下才有意義。我們在接下來的篇幅中檢視的公司，完全不是自我滿足的被動者，都是創新和充滿活力的公司，全力以赴地在現有結構內推動成長。競爭對手打進市場的作用，不是喚醒沉睡中的既有公司，而是改變他們的得失權衡和優先事項，所以既有公司會接受這種轉變不應該被視為理所當然。

Wayfair與亞馬遜

不久前，任何人尋求新沙發或成套的餐廳家具都去實體店，在宜家（IKEA）或高檔家居連鎖店Pottery Barn的展示間，或者在當地家庭式的家具店，購物者會在購買前用手摸摸毛絨絨的布料，和測試床墊的硬度，即便其他網購類別的銷售量飆升，家居用品仍是最後轉移到線上的零售類別之一，原因很容易理解。除了實體零售的觸覺優勢和相對缺乏知名品牌之外，運輸笨重、容易損壞、高價商品的物流挑戰，也阻礙線上家具的銷售。

正是在這種現實情況下，在2002年網路泡沫破滅之後，Wayfair的創辦人沙阿和康南推出一系列超小眾網站：RacksandStands.com、AllBarStools.com、JustShagRugs.com，在電子商務領域試水溫。他們的經營原則是傳統的「圖片、價格、商品」：從特定利基市場的不同供應商，收集廣泛的商品，在網站上發布圖片和資訊，獲得顧客訂單，然後讓供應商直接將貨物運送給終端顧客。這個想法是擔任連接買家和賣家的平台，並透過收取成本加成費用來賺錢（圖2.1）。

到2006年，沙阿和康南經營著150個不同的網站，[1]但隨著每家新網站的貨品選擇增加，物流挑戰也隨之而來。家具生產商是由極多小型企業組成，通常他們都是家族企業，其中大多數還在使用傳統的生產和管理方法。Wayfair的技術長穆利肯（John Mulliken）說：「儘管我們已經取得很大的進步，並且比其他任何直運[2]的公司都要好，但客戶的期望卻愈來愈高。」[3]由於未完成的訂單率為15-20%，Wayfair必須改善這種僵局。[4]怎麼做？透過修改和加強公司的價值結構，跨出自己的內部流程，使用資料和技術提高供應商發貨和庫存的方法，這是將供應商從交易方轉變為商業夥伴的早期步驟。2010年，Wayfair建

圖 2.1
Wayfair 起初的價值結構。

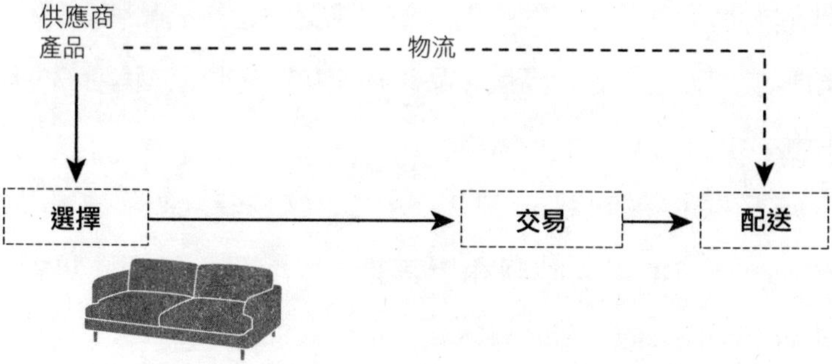

供應商
產品
物流
選擇
交易
配送

立一個專門的顧問團隊，幫助這些合作夥伴提高效率，找出他們倉庫中的問題，並傳授他們最好的實務做法。一位早期投資者說：「在我看來，這就是業務的祕訣，教上千個小型、中型和大型製造商如何順利地做直運，這才是真正讓引擎背後的引擎發動的原因。」[5]

2011年，Wayfair將旗下200個網站合併為單一的Wayfair品牌。有了一個線上官網，Wayfair現在可以統一美化網站，促進顧客忠誠度，創造交叉銷售的機會，比如在以前專門產品的網站上，購買時鐘的消費者不太可能最後也會逛到銷售床頭櫃的網站上。然後，Wayfair同時對供應商流程有更一致的看法。然而，隨著轉移到合併網站，必須幫助顧客更有效地對大量的選擇進行分類。雖然Wayfair最初的價值結構側重於**選擇**、**交易**和**配送**，現在又增加**發現**這個價值元素，因為Wayfair發現幫助顧客對其大量產品進行分類，是使形形色色的選擇變得重要的關鍵因素。

到2014年，消費者對線上購買體驗的期望又提高一個層次。Wayfair從成功的首次公開發行股票中獲得大量現金，推出CastleGate物流（CastleGate Fulfillment），這是一個倉庫物流體系，用就近的倉庫可以在兩天內把貨品配送到95%的美國人手上。[6]借鑑亞馬遜的第三方物流模式（third-party fulfillment model），供應商在Wayfair策略布局地點的倉庫中，把他們的庫存當做「遠期的部位」，在訂單下來之前，保留庫存的所有權。由於更緊密的物流和資料關係，Wayfair可以保持低庫存的資產負債表，同時促進更有效的配送作業，而供應商可以避免延遲和缺貨，導致銷售損失。

在Wayfair上市後的第一次季度電話會議中，執行長沙阿總結公司的獨特顧客服務：「我們的家會表達出自我和身分特質，顧客接觸這個市場的方式與其他市場不同，因為他們在選擇床頭櫃或吊燈時，找的是獨特性和原創性，他們需要大量的選擇和鼓舞人心的內容，幫助指導購物的決定。此外，對於這個類別，品牌並不真正存在，這使得視覺靈感對顧客來說更加重要。」[7] Wayfair提供來自一萬多家供應商的八百萬種產品，在截至2017年3月31日止的12個月內，創造36億美元的銷售額，經營非常成功。[8]

Wayfair能走到這一步，當中的歷程是把價值結構編織起來，以顛覆傳統的競爭對手，並定義線上家具銷售市場，而從

圖 2.2
大約在 2014 年，Wayfair 的價值結構顯示「發現」的新增價值元素和新的連結（用粗體標記）。

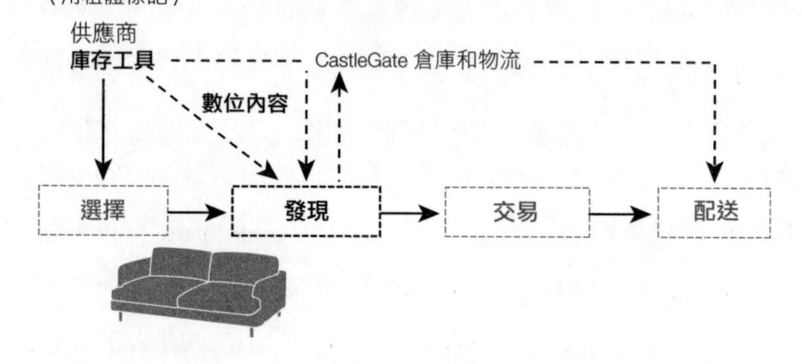

這裡開始的歷程，是在結構中添增和加強各種的元素。

市場被巨頭覬覦

成功吸引人們的注意力，也引來競爭。

2017年4月，挑戰來了。亞馬遜宣布銷售家具的新計畫，用一位分析師的話來說，「嗅到一個他們沒有利用的市場」。[9]這家電子商務巨頭競相為大件物品建造新的配送中心，並推出自己的專有家具品牌。[10]這裡亞馬遜直接效仿Wayfair的實戰經驗，打破自己嚴格的政策規範，允許第三方零售商可以選擇銷售區域，並特別提供多種服務選項，例如高檔的精緻配送服務。[11]一位零售顧問指出，「這非同小可，唯獨家具這個類別讓亞馬遜從根本上改變他們運作的方式。」[12]這不是一次隨意的探索，而是堅定地進軍新的優先市場。另一位觀察家指出：

「Wayfair必須在業務被亞馬遜這家巨頭吞併之前，超越亞馬遜，除此之外，別無他法。」[13]

Wayfair有可靠的能力在三個方面擊敗實體店的現有公司。第一，在可供購買商品的真正選擇方面，展示間的數百件甚至數千件商品，無法與線上提供可搜尋的數百萬件商品競爭。第二，在搜尋這麼龐大的選擇時，「生活方式」品牌和Wayfair的線上產品提供快捷方式和建議，如果你點選風格更為傳統的燈具，你會被引導到同樣也是這種風格的其他品項。第三，在物流方面，實體店的家具配送是出了名的緩慢和不可靠，但由於有CastleGate的物流系統，Wayfair為配送速度和可靠性樹立新的標杆，這是傳統零售商無法比擬的。

然而，在與亞馬遜的競爭中，選擇和物流的優勢逐漸消失。Wayfair擁有自己的倉庫；亞馬遜則擁有自己的貨運航空機隊。Wayfair採用人工智慧；亞馬遜擁有亞馬遜雲端服務（Amazon Web Services），為數萬家公司提供人工智慧。Wayfair的市值在2019年3月突破150億美元；亞馬遜的市值正朝著1兆美元邁進，所以正面直接的競爭注定會失敗。

然而，Wayfair並沒有在這個生態系的霸主面前消失，不僅生存下來，而且茁壯成長。在2017年4月亞馬遜進入家具市場到2020年9月，Wayfair的季度銷售額成長四倍，市值成長九倍。這怎麼辦到的？[14]

透過修改價值結構，進行防禦

Wayfair的採購長奧布拉克（Steve Oblak）表示，「圖片、價格、商品的模式在更先進的競爭對手面前就崩潰了。」[15]而亞馬遜就是最先進的了。面對亞馬遜這樣的公司，成功又可持續的防禦不能建立在做更多相同的事情、以自我為中心的行動，或以自我為中心的勝利上。成功的防禦需要有創意的應變，運用自己的生態系這個集體環境裡的地位，這需要來修改你的結構。

選擇、交易和配送的元素當然仍然重要，但是，儘管Wayfair在這些方面的表現可以超越成熟的競爭對手，但亞馬遜為賽局帶來的資源和能力，意味著這些將成為檯面上的籌碼，而不是差異化因素。為了創造更可持續的差異化來源，Wayfair需要優先解決家具銷售和家具生態系的獨特挑戰，而不是線上零售的一般挑戰。

要增強結構的策略，首先是更深入地了解你的價值主張。關鍵是要擴大你的焦點，不僅要提高你自己的努力和能力，還要考慮提高合作夥伴與你合作的能力，從而提出更豐富的價值主張。Wayfair的防禦運用自己的獨特性，（相對於亞馬遜）只關注於家具，以創造更有特色的產品。奧布拉克說：「總是會有顧客想要改變家裡的某些方面，但又無法說出要什麼品牌、說不出他們要什麼風格、他們家裡是什麼樣式的，可是又對自己的家很自豪，然後還有預算的考量，要經歷很多的磨合，最終才能弄出你喜愛的家。」[16]

Wayfair以兩種截然不同的方式修改價值結構：增強現有元素 —— **發現**，以及增加新的元素 —— **思考**（圖2.3）。

自2010年以來，Wayfair積極提高自身的物流效率，投資資料整合，並提升供應商的能力，對於**發現**（**尋找物品**）和**思考**（**協助購買的決定**）的關注，讓資料關係擴展到新的層次。「我們正在努力連接供應和需求……而顧客所做的就是與內容互動，」奧布拉克指出。問題是：Wayfair如何把兩個基本要素：產品圖片和滑鼠點擊，轉化為顧客在設計家裡時，能有信心做出選擇？隨著亞馬遜把重點轉向銷售家具，Wayfair透過擴展價值結構，幫助顧客發現自己的品味和風格。

對於供應商來說，為家居用品製作引人注目、美編過的相片一直是昂貴的負擔。雖然很容易把目錄圖片視為理所當然，但每張圖片都需要在美美的場景中布置單獨的物品，並在背景中使用適當的配件，這需要花費數個小時，並花費數百美元或更多的成本。Wayfair投資提升最先進的影像技術，開發內部系統，允許供應商對著白牆拍攝實際的物品，然後寄出這種簡單的2D相片，接著Wayfair可以將這些圖片插入虛擬的3D場景中，提供近乎無限的展示種類。這項技術只要按一下鈕，就能在相片般逼真的客廳、露台或臥室環境中，呈現同一把椅子。其他功能讓顧客從自己的家中拍攝物品的相片，然後Wayfair可

圖 2.3
Wayfair 增強的價值結構，增加思考元素和新的連結（以粗體標記）。

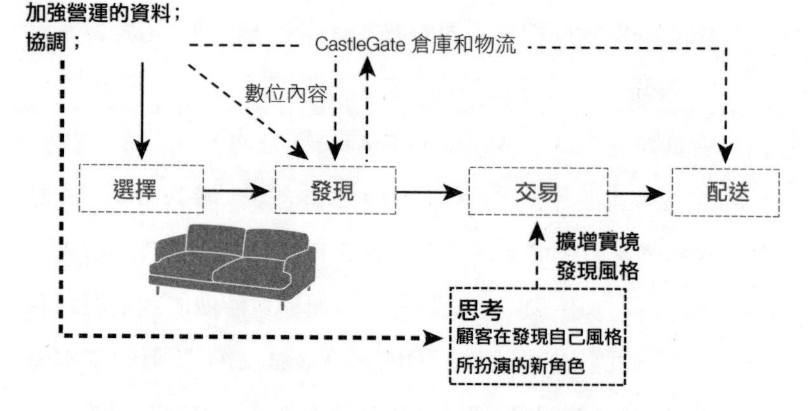

以運用這些相片，推薦搭配的產品，進一步促進發現。

為了推動這種數位化成長，Wayfair把工程和資料科學的人員從2016年的1,000多名[17]增加到2018年的2,300多名。[18]這種由人工智慧驅動的技術是家具製造商無法企及的，為供應商創造價值，他們的產品現在用更有吸引力的方式展現出來，成本更低；同時也為顧客創造價值，對他們來說，數位內容在發現與思考中，也成為他們的一大福音。Wayfair的全球演算法和分析主管金（John Kim）說：「你並不〔一定〕確切地知道你在尋找什麼，如果顧客登入後，與我們的網站互動，我們就能更有效地為他們提供個人化服務的網站。」[19]

更豐富、更一致的相片也使思考的元素得以實現[20]。3D模型被納入擴增實境（甚至虛擬）的應用程式中，使顧客能夠在自己家中的實際環境中看到產品，從而使他們能夠評估樣式、尺寸和吻合度。這些學習演算法在幫助顧客決定風格方面，做得愈來愈好，然後一遍又一遍地確認。

接著，所有這些對顧客的洞察力需求都可以進一步推敲成對供應商的洞察力。Wayfair不僅協調庫存和物流，還為供應商提供資訊，並型塑供應商自己的設計和生產選擇，完成從需求到供應的循環，從而加強他們與關鍵合作夥伴的關係。

Wayfair可能原本最終都會做所有這些事情，但亞馬遜進軍家具市場，把上述的事情變成高度優先的計畫。

奧布拉克說：「我們喜歡我們產業類別的困難，這像是在打造護城河，因為這個產業實際上很難。」共同創辦人康南表示贊同：「問題是，你不可能把每件事都做得很好。因此，我們建立一台機器，我們完全專注於家庭。我們努力確保我們做的每件事都以這個為重點，特別專注於此，因此在顧客眼中，我們正在打造給顧客的體驗，是真正讓我們在市場上是與眾不同的。」[21]

所有這些努力會把亞馬遜擠出家具市場嗎？當然不會。亞馬遜仍然是一個佔主導地位的巨頭，而家具市場仍然是龐大的商機。防禦的重點不是消除競爭，而是在你們共存的世界中，創造可持續成長的途徑。Wayfair對其價值結構的修改，著重於把家具零售賽局與一般零售賽局區分開來，這是高效防禦的完美表現。當然，如果亞馬遜要加大對該產業的投入，Wayfair就需要再次提高競爭力。

價值結構是集中化和差異化策略的基礎

集中化和差異化是策略建議的經典且通用的試金石。問題總是歸結到一句話：要用什麼方式？清晰明確的價值結構提供填補這些細節的指南。（1）我們可以審視我們的架構，看看哪些具體的價值元素受到壓力，而不是在沒有定形的策略，或狹隘的技術和活動層面上對威脅做出反應；（2）接著就可以決定我們在哪些方面，更願意接受競爭和商品化。例如，Wayfair不會透過試圖對供應商要求獨家經營權，爭取選擇的獨特性；（3）我們在哪裡看到改進的機會。例如，運用不斷累積的使用者點擊和購買資料，改進推薦和發現；以及（4）我們可能想要在哪裡優先投資，創造新的價值元素。例如，發現思考是下定決心的關鍵，並且能將額外的指導引入這場賽局。

然而，有時候，生態系的顛覆者似乎會阻斷所有差異化的途徑。即使在這裡，我們也會看到，價值結構仍然可以成為創造共存空間的指南。

原則二
透過尋找志同道合的合作夥伴，確定可防禦的地方

要調整你的價值主張，另一種方法是調整你試圖部署的地

方。生態系闖來顛覆者，不僅會影響焦點的防禦者，也會影響市場中的其他參與者。正是那些使生態系顛覆者與眾不同的特質，例如以不同的動機進入市場，進行擴大的一連串活動，因而創造重新協調夥伴關係和改變結盟的可能性。

當生態系的顛覆者可以在產品和能力的基礎上，與你匹敵或超越你時，要創造一個可防禦的利基，這需要從你的合作夥伴和顧客中找到一群人，這些人可能對這種新型參與者打進市場存有顧慮。因此，可防禦的利基不僅可以朝著終端不同顧客群的方向找起，例如之前討論過柯達尋找利基選項，也可以沿著由新興盟友定義的方向找起，這些盟友是由「敵人的敵人就是我的朋友」這個邏輯所聚集起來的。我們可以環顧四周，考慮還有誰可能會對生態系的顛覆者來到這個圈子感到不滿，然後集中精力在整個生態系中，建立一個由志同道合的人組成的聯盟。

可以肯定的是，創造一個可防禦的利基，意味著專注於比整體市場還更小的一塊市場，這是一種防禦策略，為的是在面臨新的攻擊者時，保護你們彼此共存的，而不是把對方趕走。正如TomTom公司的案例，他們不斷調整繪製的主張，在修改結構的同時，也可以透過開闢新商機的方式創造利基。但由於這兩種策略的操作邏輯不同，把它們視為不同的路徑比較有所助益。

TomTom與Google

當TomTom在2004年推出世界上第一台安裝在儀表板上的個人導航設備時，它不僅徹底改變車載導航系統，還改變駕駛和乘客之間的社交動態。我們可能很難回想起（或是年輕讀者可能很難想像）那些令人沮喪的爭論，該走哪條路、是誰看錯那本陳舊的道路圖冊，以及引爆危機的問題「我們錯過了出口嗎？」和「你為什麼不早點告訴我？」，這些危機問題是許多家庭旅行和商業配送在外地開車時的特徵。

雖然衛星的全球定位資料（你的經緯度）自1983年以來，已可用於非軍事用途，而且高檔汽車已將全球定位系統的位置與CD-ROM上的地圖結合在一起，就是將你的位置與街道和高速公路聯繫起來，不過這是拜TomTom GO所賜，把大眾市場從紙本地圖中解放出來，並導入我們今天認為習以為常、語調冷靜的路口轉彎提示導航。從2004年到2008年，TomTom的個人導航設備業務收入成長40倍。[22]到2009年，全球已售出超過1.2億台裝置，這標誌著個人導航設備成為歷史上採用速度最快的技術之一。[23]

這個市場由兩家公司主導：一家是TomTom，最初是軟體公司，為Palm Pilot和Psion等早期個人數位助理提供導航的解決方案；另一家是Garmin，以用於船舶和航空的GPS硬體起家。2007年，這兩家公司佔據個人導航設備55%以上的市場，競爭激烈，創新能力也很強。[24]

個人導航設備產業中的每家公司都使用大致相同的價值結構，追求大致相同的價值主張（圖2.4）。安裝在專用裝置中的晶片組會接收來自GPS衛星星座的信號，以對經度和緯度進行三角測量，並將這些資料與數位地圖相結合，並把連接位置的數位地圖與道路網路上的資訊，例如街道名稱、地址、速度限制等聯繫起來。加上路線選擇的演算法，位置可以進行個人化調整，從靜態的「我在哪裡？」神奇地轉變成動態的「我怎樣才能到達我想去的地方？」

在這種結構中競爭，意味著競相改進每個元素，像是裝置要有更好的螢幕和界面、增加即時交通資料、演算法可以警告塞車、重新安排你的路線，或找到最近的加油站，這種競爭肯定是激烈的，但至少很清楚。回顧過去，TomTom的執行長古迪恩把這段智慧型手機出現之前的時期稱為「輝煌年代」。[25]生態系的顛覆者會讓我們懷念過去的美好時光，不是因為我們擁有利潤豐厚的壟斷地位，讓我們在睡夢中也能賺錢，而是因為我們可以在擂台上競爭，有公平的機會，面對面地一較高下。

2007年，手機製造商諾基亞以81億美元收購Navteq，後者是手機產業僅有的兩家主要地圖資料供應商之一，這預示著即將發生的劇變。很明顯，手機理論上可以與個人導航設備競爭，但是手機的螢幕小，鍵盤難用，這讓手機來當導航的裝

圖 2.4
TomTom 在個人導航設備中的價值結構。

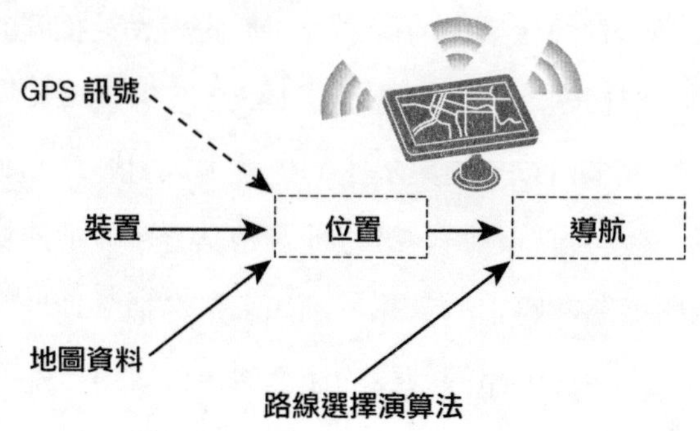

置打了折扣。雖然諾基亞未能成功開拓導航的市場，但它的進軍舉動促使TomTom收購另一家地圖製造商Tele Atlas，後者是TomTom與Garmin進行一場收購大戰後，以37億美元買下。[26] TomTom把收購Tele Atlas視為在快速變化環境中的機會和保護，古迪恩說，「對於那些想要依賴改良地圖的公司，用在他們的個人導航設備、無線手機、車載系統、網路服務和內部路線的選擇」，現在TomTom可以提供所有這些公司服務了。[27]正如《新聞周刊》（*Newsweek*）當時指出，「由於競爭對手擁有這些關鍵資料的供應商，Garmin可能會面臨風險；這就好比漢堡王突然必須從麥當勞購買漢堡一樣。」[28]

朋友變成敵人

然後TomTom的世界開始崩潰。2008年6月，蘋果推出iPhone 3G。上一代iPhone使用行動通信基地台進行三角定位，而3G則採用成熟的GPS晶片組。憑藉其大而高解析度的觸控式螢幕，並與導航應用程式一起搭售，iphone正成為個人導航設備的替代品。這對裝置製造商來說是個很壞的消息，但對TomTom來說，還有一個小小的好處：導航應用程式製造商仍然需要地圖資料，在B2C（企業對消費者）業務開始崩潰時，旗下Tele Atlas部門就成為他們B2B（企業對企業）業務的生命線。事實上，Tele Atlas的最大客戶是Google，Google地圖就依賴前者所提供的服務。

直到2009年10月，Google宣布放棄Tele Atlas，它已經開發自己的服務版本。此外，它的新作業系統Android 2.0將包括一項令人興奮的新功能，即Google地圖導航。這使手機變成功能齊全的個人導航設備，具有3D檢視圖、路口轉彎提示的語音引導和自動重新選擇路線。但與大多數導航系統不同的是，Google地圖導航是「徹底運用手機的網路連線而建立起來的」，[29]而且這全部都是免費的。終端使用者可以透過應用程式免費使用；開發人員可以免費使用開放的API，意指應用程式介面允許應用程式相互「對話」，把Google地圖嵌入他們自己的應用程式和網頁中。

現在，任何擁有智慧型手機的人都不用花幾百美元，購買專用的個人導航設備，口袋裡的智慧型手機就有免費的導航器。技術評論家對此感到驚艷，而分析師則感到擔憂。法國興業銀行（Société Générale）的股票分析師用典型法式輕描淡寫的口吻指出：「Google正將導航服務的價格基準重新設定為0.00美元，這讓TomTom的商業模式受到質疑。」[30]沒有講白的問題是：TomTom能生存下去嗎？TomTom聯合創辦人維格魯（Corinne Vigreux）將Google的舉動比喻為「海嘯」。[31]

Google進入GPS領域與過去的競爭對手在根本上是不同的，因為Google不是類似Garmin那種進軍者。對於TomTom而言，Google向來是從使用地圖資料中受益的合作夥伴和客戶，而不是要從裝置或地圖中獲利的直接競爭對手。

Google是生態系顛覆的典型代表，它採用不同的價值結構，能夠從側面攻擊，因為它建立價值和利潤的方式，並不來自銷售地圖資料或裝置，而其價值結構中的獨特元素是使用者資訊（圖2.5）。導航對Google的真正價值在於帶動收益（a）直接收益：透過在Google地圖上銷售廣告；（b）間接收益：透過收集和分析使用者產生的位置和導航資料，強化他們的核心利潤引擎，也就是鎖定客群投放廣告；（c）透過銷售增強型API的存取權，讓其他開發人員可以在自己的應用程式中使用，既產生收入又產生額外的使用資料。由於收集手機上的資料成為更明確的主張，Google獲得對自己地圖平台的控制權，然後可以向更多開發人員開放，觀察更多使用者使用平台的進出情況，這種價值主張成為想當然耳的策略選擇。

對Google來說是好事，但對TomTom來說是災難。事實上，免費的Google地圖與人們廣泛使用智慧型手機，這兩件事

圖 2.5
Google 的價值結構增加使用者資訊這項元素。

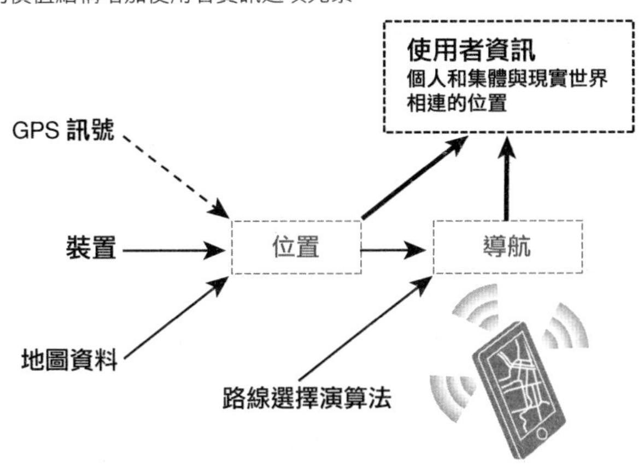

結合起來，顛覆他們的B2C和B2B市場，本應讓TomTom及同類公司關門大吉的。然而，在2021年，TomTom仍然是一家價值10億美元的公司。這是怎麼做到的？

創造一個可防禦的利基

面對這樣的攻擊，你能做些什麼？現實會讓你最終到一個較小的領域，經營業務。然而，採取積極主動的方法與讓這個現實情況出現，兩者之間有很大區別。所以，在可持續的利基市場中建立雄厚的地位，這樣你以後可能會從這個利基市場再去擴展，這與發現自己被困在一個不斷縮小的角落裡，而你將從那裡消失，這兩種結果是不同的。

TomTom與Wayfair的價值結構各自提供不同的可能性，

雖然Wayfair的增強功能支持它在廣大市場中的競爭力，但TomTom的選擇對某些客戶群是有效的，而對其他客戶群則無效。因此，雖然智慧型手機的普及突然阻斷TomTom在消費裝置方面的努力，但其核心的地圖創新，例如先進駕駛輔助系統（Advanced Driver Assistance Systems），這對於致力於提供這項功能的汽車製造商來說，仍然很有價值。

事實上，自2015年以來，TomTom就在自動駕駛的未來上下了很大的賭注，大筆投資在高解晰度的地圖上，這項技術是自動駕駛汽車「看到」每一根電線杆、護欄和車道所必需的技術。[32]一位董事會成員說：「我們曾經為人類製作地圖，但現在我們為機器人製作地圖。」[33]雖然這種策略並不是有多麼了不起，但是因為自動駕駛商業化來臨的時間，存有極大的不確定性（詳見第四章），使這個策略能在近期稍微給TomTom一些庇護。

雖然這個願景展望未來，但公司的生存仍取決於今日的銷售表現。TomTom的韌性源於**能辨識出新出現的盟友**，這些客戶和合作夥伴也想阻止Google的規模、影響力和無限資金的威脅。TomTom得以留存下來，不僅是因為有Google的存在，而且還因為它不是Google。執行長古迪恩明確指出兩家科技公司之間的關鍵區別，他說：「我們不與客戶競爭，我們只用客戶資料來改進我們的產品，而不是用來替代商業模式。」[34]換言之，TomTom只會把資料用於其內部的地圖創新。它不會把資料賣給廣告商或資料探勘公司，也不會用資料來侵佔客戶的業務。

這種差異對蘋果、微軟和Uber等公司具有實際的價值，這些公司選擇TomTom而不選Google來支援自己的地圖功能，因為他們把自己的資料視為關鍵資產，而不是要用於共享。除了大型科技公司之外，UPS、收費公路集團Transurban、德國郵政等航運和物流公司也很樂於與TomTom合作。郵務系統公司必能寶（Pitney Bowes）的使命是「組織和管理全球地址資料，並針對這些地址提供屬性和豐富的資料」，這是個完美例子，證明有些客戶可能擔心Google對公司核心業務的競爭。必能寶的資料產品和資料策略副總裁亞當斯（Dan Adams）說：「〔使用TomTom〕這個決定歸結於互補的商業模式。」[35]他基本上是在說，「我看到Google價值反轉的威脅，這很可怕，讓我們一起守住底線。」

對於汽車製造商來說，TomTom的吸引力還在於其相對溫和的舉動，為自己在整合控制台方面開創出提供地圖的地位，因為TomTom並未試圖成為汽車的整個大腦。而且，對科技巨頭把服務商品化保持警惕，這也符合汽車產業的利益，不然汽車製造商基本上是把江山拱手讓人。2019年9月，TomTom的自動駕駛負責人史特萊伯斯（Willem Strijbosch）表示，「並不是每個汽車製造商都已經決定選用哪家公司來提供高解析度的地圖。但在所有做出決定的汽車製造商中，我們看到大的汽車製造商，而且是前十大廠商都選擇TomTom。」[36]

TomTom的故事之所以有趣，是因為它仍然在擂台上不斷地競爭。雖然它永遠無法顛覆Google或重振個人導航設備的市場，但它顯示在可防禦的利基市場中，盈利共存的可能性。此外，即使它在利基市場中維持自己的地位，它也在投資創造新的位置，因為高解析度地圖有可能比個人導航設備有更令人振奮的表現。

多條可能的路徑

另一家導航先鋒Garmin展現出在不同舞台上奮鬥的另一種選擇。Garmin在個人導航設備市場遭遇同樣的崩潰，沒有自己的地圖引擎，但憑藉長期的硬體創新歷史，Garmin把精力集中在專門的導航裝置上。針對運動族群，它開創高階可穿戴裝置的世界：追踪你的速度、步數和血氧濃度的跑步手錶；記錄揮桿速度的高爾夫手錶；追踪距離和划水次數的游泳手錶。此外，Garmin接受智慧型手機的興起，開發應用程式，把手錶上的資料連接到你的手機和線上社群，將運動轉變為社交體驗。因為這一塊市場有很大的商機，隨著其他可穿戴裝置（例如蘋果手錶Apple Watch）和社交網路（例如Strava）入侵運動的領域，Garmin將面臨更大的壓力，還是那句話，這家公司的成功將再次取決於其應變方式的好壞。

TomTom和Garmin之間的對比提醒我們，有效的防禦既取決於攻擊者的性質，也取決於防禦者的能力。事實上，我們可以看到，這裡採用的生存策略和第一章數位影像背景中的生存策略，有明顯相似之處。在Garmin的策略中，我們看到他們清楚重複富士對於數位革命的應變方法：透過縮小範圍，並專注於在化學和製藥方面的能力，以在商場上存活。另一方面，TomTom重現利盟的生存策略，選擇退出硬體領域，並加倍投入地圖的資料管理，這類似於利盟捨棄印表機業務，轉向企業資料管理的領域。在所有的案例中，我們看到的是有針對性的應變方式，嚴格篩選要優先考慮的價值元素，並明確知道哪些是無法挽救的元素。這與本章開頭的引述一致，試圖維護結構現狀的防禦，即試圖防禦一切，等於什麼都沒有防禦到。

原則三
克制你的野心，維持你的防禦聯盟

無論你的防禦策略多麼出色，生態系出現顛覆者都會使你的主力市場成長更加困難。反過來，這不僅促使你在當前市場中，尋找可防禦的利基市場，而且還要在周遭尋找可能成長的新領域。

在極端的情況下，尋找利基可能需要完全轉移市場，因為生態系顛覆者的崛起，可能改變商機的相對吸引力，足以迫使防禦者尋找截然不同的成長途徑。這可能意味著自己要去扮演生態系顛覆者的角色，透過重新部署價值結構的元素，進入新的空間，以新的價值主張開創新的位置。我們將在第三章中明確考慮這種方法，並結合生態系的傳遞概念進行討論。

較不極端的情況，是在離主力市場較近的地方尋找成長的機會，尤其是在壓力之下，可能會自然忍不住盤算著合作夥伴所經營的市場，因為在這些市場中，你們的地緣相鄰和潛在的傳遞效應所提供的機會，比起距離更遠市場更有安穩的基礎。但這可能是一種危險的誘惑，用短期的緩解辦法，換取長期的不穩定。

生態系防禦是團隊的賽局，依賴把合作夥伴動員起來，請記住，如果你單打獨鬥，那你就做錯了。但是，根據你的價值結構在聯盟中協調合作夥伴只是第一步。正如我們將在Spotify的案例中看到的，持久的成功需要在面對壓力，和最重要的在面對誘惑時，維持這種聯盟。要有策略地克制自己，明確地去區分公司的成長，是以犧牲競爭對手為代價，還是以犧牲合作夥伴為代價，這對於維持成功的生態系極為重要。

Spotify與蘋果

由於Spotify在2021年成功成為全球領先的音樂串流平台，可能很難理解Spotify在幾年前的地位有多岌岌可危。事實上，Spotify與Apple Music的案例被列為近十年來「這些傢伙怎麼還沒死」的最強奇蹟之一。

Spotify由埃克在2006年成立，公司的目標是打造一種音樂服務，要比從線上盜版網站免費下載幾乎無限的音樂更能吸引使用者，同時尊重財產權，並支付版稅給音樂家和音樂公司。Spotify用了兩年時間才搞定技術創新，以及合法的合作創新，從而實現音樂串流。雖然線上廣播服務的先驅，如Pandora，是以個人化「電台」的方式向使用者播放音樂；而Spotify的突破是讓使用者可以完全選取全球的音樂目錄，可以從中挑選任何歌曲或專輯，並創造任何想要的歌單。正是這種在整個音樂目錄中選擇特定曲目的能力，使Spotify比當時其他平台更具吸引力，成為線上盜版音樂的替代品。

Spotify的服務用兩年的時間開始，用四年的時間達到400萬訂閱者，用六年的時間達到1,000萬訂閱者。到2014年，經過八年的辛苦努力，Spotify已經吸引5,000萬使用者，其中3,700萬使用者收聽「免費」服務，中間有廣告穿插，1,300萬使用者每月訂閱無廣告的付費服務。[37] Spotify終於就快要成功，然後……

然後在2015年，蘋果公司以Apple Music加入串流媒體的派對，運用自家現有的多重生態系，聲勢浩大地進軍這個市場。[38]

蘋果已經透過iTunes商店，成為世界上最大的音樂銷售商，並看準Beats Electronics的音訊配件業務和音樂串流服務，以30億美元成為蘋果有史以來斥資最高的收購案。[39] Beats公司透過影響力龐大的兩位創辦人，音樂製作人Dr. Dre和傳奇的唱片總監艾維恩（Jimmy Iovine），在音樂家中佔據核心地位。借助這種新的影響力，據說蘋果甚至試圖（未成功）改變遊戲規則，向唱片公司施壓，要求終止穿插廣告的串流媒體協議，這將會破壞Spotify的地位。[40]蘋果隨後開始推廣有史以來最大規模的服務。

2015年夏天，Apple Music在一百個國家推出，這屬於iOS 8.4更新的一部分，它「神奇地」出現在每部iPhone上，並且包含三個月的免費服務。這與Spotify等一般應用程式不同，使用者甚至無法選擇是否要安裝。到第一個月結束時，已有1,100萬人使用免費的試用版。Apple Music推出六個月後，已有600萬付費使用者。從這個角度來看：Spotify花了四年的時間才達到400萬的訂閱者。

要複製點子很容易，對於像蘋果這樣的數位巨頭來說，要把點子大規模擴展開來是前所未有的容易。而在音樂串流的業務中，用的是相對簡單的（初始）價值結構（見圖2.6），由主要的唱片公司為每個人提供相同的歌曲庫，而蘋果挾帶強大的影響力和品牌，其他公司要想實現核心產品的差異化，會比在其他產業更加困難。

然而在2021年，Spotify仍然蓬勃發展。就像在巨人與弱者的故事中，期望像蘋果這樣顛覆性的巨頭從市場上被擊敗是不現實的。相反的，強大防禦策略的標誌是，實力不足的防禦者也能蓬勃發展：當蘋果有7,200萬使用者時，[41] Spotify已成長到

圖 2.6
Spotify 和蘋果音樂串流的初始價值結構。

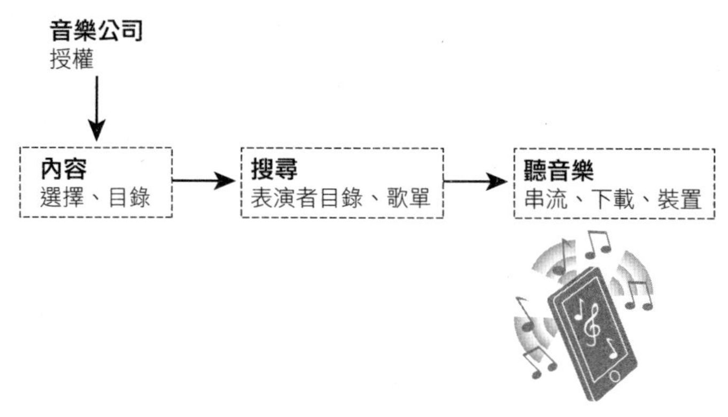

3.45億使用者，[42]其中包括1.55億的付費服務訂閱者。

Spotify是如何能有如此強大的韌性？讀到本章的此時，我們已經知道答案：Spotify並不是孤軍奮戰，生態系防禦是協力合作的。

根據背景建立聯盟

Spotify的主要盟友為保障自己的生存，拒絕蘋果的要求，不願終止廣告支持的免費模式，這些合作夥伴是三家大的音樂公司，分別是索尼、環球和華納音樂，他們共同控制全球音樂市場市佔率的65-70%。[43]這三家巨頭拒絕蘋果的提議是有原因的：他們迫切希望有替代的選擇，取代蘋果在數位音樂發行方面獨佔鰲頭。賈伯斯在2003年把iTunes定位為解決線上盜版禍害的方法，結果證明是一個有毒的聖杯。華納音樂的副總裁維迪奇（Paul Vidich）回憶說：「我記得當時在想，『這個〔iTunes〕太簡單了。很好用，太棒了。』〔盜版音樂服務〕Napster的吸引力不僅在於它是免費的，更重要的是它為人們提供與幾乎所有音樂作品連接的方式……賈伯斯用iTunes所做的就是複製這種體驗，這是一個龐大的音樂目錄，可以用單曲搜尋，界面操作方便。」[44]

當時唱片公司的處境危急，他們對線上盜版感到恐慌，所以iTunes似乎是一線希望，每首歌可用99美分的價格下載，其中唱片公司收到大約70美分。[45]在iTunes上線的第一週內，就有100萬首歌曲被下載。[46]但是，透過把歌曲從專輯中拆分開來，蘋果瞬間改變100年來的消費者行為。與其花16美元購買一張有12首歌曲的光碟（因為還有選擇的餘地嗎？），歌迷可以付1.98美元，就買到在特定專輯中真正想聽的兩首歌曲。

這就是問題的癥結 —— 成功的幻覺。是誰購買這些99美分的歌曲？不是那些已經從非法網站下載音樂的人，盜版音樂和正版音樂iPod都可以同樣播放，而是那些原本會花全額購買整張專輯的人。影響：在Napster推出後的五年內，美國唱片業的收入下降12%；而在iTunes推出後的五年內，唱片業的收入則下降23%。[47]

音樂界的高階主管很快發現，對於這個產業來說，靠的是把個別熱門歌曲包裝在整張專輯裡，讓拆開來的歌曲統一定價，對他們是一場經濟災難。但精靈一被放出來，就不願回到瓶子裡。一位產業律師指出，「單曲是賺不到錢的，除非你能賣專輯，否則你真的負擔不起推出表演者的費用，整個經濟是要產品達到某種關鍵的數量才能驅動的。」[48]但這無濟於事。華納音樂集團董事長小布朗夫曼（Edgar Bronfman Jr.）說：「壞消息是，蘋果決定所有歌曲都是一樣的，我告訴史蒂夫〔賈伯斯〕，我從不認為這是對的。」[49]

音樂的巨頭陷入進退不得的窘境，賈伯斯知道自己佔了上風，威脅要引發公關災難。賈伯斯在新聞發布會上說：「如果〔唱片公司〕想要提高價格，這只意味著他們變得有點貪心了，」[50]這是在暗示當然怎樣都不能怪在顧客的頭上，結果又回到盜版的情況。資訊科技研究的顧能公司（Gartner）一位分析師完美地總結2006年的情況：「因為沒有線上零售商可以與蘋果競爭，這些唱片公司失去要求漲價的道德理由和影響力。」[51]

然後，Spotify進入市場。雖然表演者對串流媒體及其一點點的版稅就算不是強硬地反對，也是表示懷疑，但唱片公司卻從中看到許多好處。串流媒體這種技術是盜版的完美替代品，同樣選擇廣泛，而且更方便。這也是替代錯誤的單曲銷售的理想方法，因為更多的流行歌曲可以透過按次收費的版稅安排，帶來更多的收入。對於大唱片公司來說，Spotify在初期提供給他們的股權，以讓Spotify使用唱片公司的音樂目錄，同樣重要的誘因是，Spotify吸引新一代不同的樂迷。結果：對於消費者來說，這是一種對使用者貼心的合法服務，透過演算法或精選的歌單，擴展他們的音樂品味；對於唱片公司來說，這是替代蘋果束縛的快樂選擇。一位音樂界消息人士表示：「我們希望Spotify成為一個強大的競爭對手。」[52]

在這裡，我們看到與TomTom案例中動態關係的不同樣貌，關鍵合作夥伴的結盟不是因為排他性，而是因為「非」排他性：他們的目標不是「不要蘋果」，而是「不要只有蘋果」。Spotify這家專注、脆弱、羽毛未豐的新創公司是完美的選擇。比起受到蘋果的支配，或在類似的巨頭底下受到控制，Spotify提供一個更好的選擇。正如一位資深音樂高階主管所說：「我們大多數人最不希望的是，串流媒體最後要夾在蘋果和Google之間的直接鬥爭。」[53]

Spotify已經找到它的盟友，但是建立防禦性聯盟和維持聯盟，這是兩回事。為了生存，Spotify需要找到一群可以支援的合作夥伴。為了滿足投資者的期望，它需要找到推動成長的新方法。為了成功，它需要管理這兩個目標之間自然會有的衝突。我們將從Spotify學到的啟示是，生態系防禦對策略性克制的意義。

維持夥伴關係與破壞夥伴關係的發展過程

發展創新業務向來是很困難的。一個要來攻城掠地的大公司進入市場，會使事情變得更加困難。但大家都知道，股東和分析師的人生哲學從不是「別擔心，錢賺少一點，我們會滿足的」。恰恰相反，在賽局中有競爭對手時，只有更大的壓力要來證明核心業務的成果，並尋找新的成長途徑。這是有道理的：股價是對未來的預期，而新的價值結構創造機會，以新的方式來擴展和重新部署元素。在相鄰的機會中，創造和運用新綜效的可能性，會是推力強大的槓桿作用，所以要把握時間，顛覆這個世界！

Spotify的結構修改運用自己是先行者的地位。由於其廣告支持的免費模式有了更多的聽眾，因而有更多的聽眾收聽選擇資料，它開始走上一條創新的發現之路，向聽眾推薦新的音樂（圖2.7）。

Spotify在推出之時，**發現**的元素需要使用者自行探索音樂目錄、建立自己的歌單，或使用精選的金曲集來體驗新的音樂。當Spotify在2011年與社群媒體巨頭臉書結盟時，**發現**的元素得到加強。使用者在Spotify上聽過的歌曲和專輯會出現在他們的臉書時間軸上，可以被他們的社交網路看到，然後社群的成員可以在臉書上收聽這些音樂。[54]隨後Spotify又與其他流行的應用程式整合。當Spotify開始部署機器學習和人工智慧，以進一步提高替聽眾和音樂配對的能力時，**發現**元素也進一步躍升。於2015年首次亮相的「每週新發現」播放清單廣受歡迎，使用演算法來建立個人資料，從中可以建立歌單，還有專門為你製作的「串燒音樂」。對於聽眾來說，Spotify流暢地把他們

圖 2.7
Spotify 增強的價值結構，增加發現和表演者參與的元素，以及新連結（以粗體顯示）。

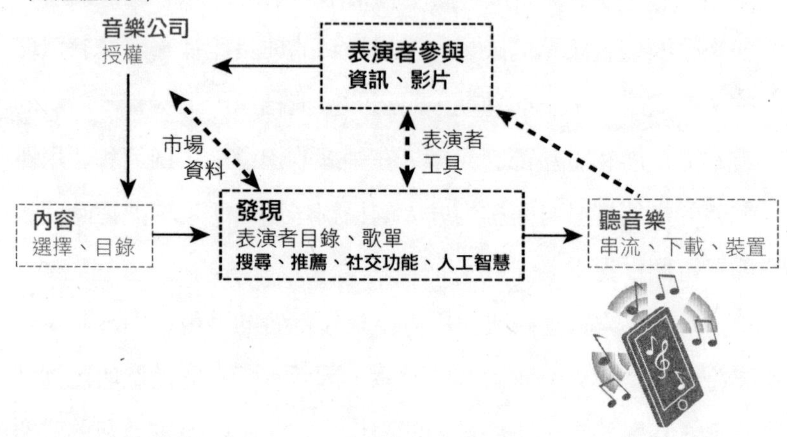

的品味與新音樂互相媒合，這種能力感覺就像魔術一樣。

Spotify還增加**表演者參與**的元素。Spotify做為音樂庫，讓你能聽任何你想要聽的歌曲；做為廣播，可以為你的聽覺享受推薦音樂。組合兩者，第一步是將音樂與聽眾聯繫起來，第二步是讓表演者直接與現有和新的粉絲建立聯繫。2017年推出的「Spotify for Artists」服務項目導入一系列強大的工具：存取資料分析，讓音樂家可以了解他們接觸到多少聽眾，以及這些粉絲所在的位置；能夠與粉絲交流，宣傳接下來的活動演出；可自訂的個人檔案；以及向Spotify編輯團隊提交歌曲，以獲得列入播放清單的機會。到2019年，超過30萬名表演者透過這項服務獲得重要的洞察。[55]

到目前為止，一切都很好。這些步驟中的每一步，都透過為每名參與者創造額外的價值，來加強夥伴關係。

然而，下一步卻不一樣了。在努力擴大聽眾人數的同時，Spotify也試圖擴大表演者人數。眾所周知，唱片公司要讓誰出道，可是出了名的挑剔，這是有充分理由的，因為錄製、宣傳和藝人巡迴表演的相關傳統成本，可能在5萬美元到200萬美元之間。[56]對於無數未簽約的自組樂隊和咖啡店駐唱歌手來說，這是一個痛苦的限定體制。對Spotify來說，為這些獨立表演者提供一個可以被人聽到的地方，不僅提升公司的價值主張，也增強Spotify是表演者朋友的理想形象；在這個弱肉強食的產業中是好人。如果你是Spotify，這完全說得通，但是……

在Spotify於2018年4月進行首次公開發行股票之前，分析師們都很興奮。一位觀察者說：「唱片公司過去常常決定我們聽什麼東西，所有這些都在改變，Spotify會視你的喜好把專輯拆分開來。取出最好的部分，挑選出最值得擁有的熱門歌曲放入歌單中，決定如何歸類曲目，使用資料來幫助做出這些決定。而這種軟實力的運用對於唱片公司來說，真的很可怕。」[57]他總結這種恐懼的原因：「Spotify可能不可避免地，會開始做唱片公司做的事情。」[58]

事實上，Spotify在2月給投資者的上市前公開信並不婉轉：「舊模式有利於某些守門人，」埃克寫道，直接針對傳統唱片公司，「今天，表演者可以製作和發行自己的音樂。」[59]

在Spotify的數位平台增添內容所需的變動成本極低，這給沒有唱片公司的表演者一個管道，讓他們能把自己的音樂，直接跟粉絲聯繫起來。該功能讓表演者完全掌控上傳的音樂與藝術作品、選擇發行日期，以及檢視聽眾的收聽資料，所有這些都是免費的，完全繞過唱片公司，任何表演者現在都有可能與龐大的全球聽眾建立聯繫。這對Spotify的執行長來說，是再自然不過的，因為他說：「當我展望音樂的未來時，我不再認為稀缺會是一種模式，我們必須擁抱這種普及性，到處都有音樂。」[60]還有什麼比這更自然的事情。

你能看到警告燈在閃嗎？這就是推動成長和維持聯盟這兩件要務互相衝突的地方。

2018年6月，Spotify宣布將取消中間人，也就是「某些守門人」，並允許獨立音樂人直接向網站上傳他們的音樂。從9月開始，上傳到測試版服務將是免費的；版稅每月只會進入表演者的銀行帳戶中。而且，與唱片公司提供的標準版稅（約為每次串流的11%）相比，表演者將獲得每次串流的50%。

「好消息！我們很高興你這樣做。」可沒有唱片公司這樣說，從來沒有。

這裡要注意的是，通常最誘人的相鄰關係，往往是最接近你的合作夥伴的利益。如果這些合作夥伴是你的防禦聯盟的成員，這就會產生問題。很多時候，這些問題都是出乎意料的，而回過頭來看，這些問題顯而易見，也是可以避免的。不可避免的，雙方在觀念上會不對稱，擴張的一方會有道理和正當理由，解釋為什麼可以公平地攻佔這個領域。而被侵略的一方只能眼巴巴地看著別人入侵，並從感知到的侵略中預測未來。

在公司內部規劃過程中，自然沒有代表外部合作夥伴利益的擁護者，正是因為他們是外部合作夥伴，因此沒有參與討論。很容易想像在Spotify公司的討論情況：「如果我們只向沒有唱片公司合約的表演者提供這種服務，這意味著我們只針對唱片公司不感興趣的人，所以他們應該可以接受，對吧？」

這是你修改結構的試金石：如果問你的合作夥伴，他們的反應是（A）「這主意太棒了！祝你在這個新的業務領域獲得成功」；或（B）「等一下……這讓我很不舒服。事實上，我愈想，就愈不喜歡。」若是反應A，表示你正在踏上一段增進關係的軌道。若是反應B，這是關係惡化的發展過程。不管是哪一條路徑，你的選擇都還行，但你必須清楚後果。你可能可以忍受一段受損的關係，但是愈是關鍵的合作夥伴，尤其是如果他們是你防禦聯盟的一部分，你就需要愈謹慎。

這是我們在第一章中看到的柯達價值反轉動態的另一面，即朋友變成敵人。不同的是，柯達沒有辦法抵抗不斷進步的技術浪潮。相比之下，音樂公司在Spotify的價值創造中是重要合作夥伴，他們對生態系極為重要，因此有資格做出策略反應。

測試雙方的關係

2018年6月15日，倫敦《金融時報》（*Financial Times*）的

標題是：〈Spotify直接與表演者交涉，撼動唱片公司的地位〉，副標題大肆宣傳以下含義：「串流媒體透過直接從表演者那裡獲得授權，砍掉中間商。」從一般讀者和Spotify投資者的角度來看，這聽起來像是一個令人興奮的新成長階段，

然而，從唱片公司的角度來看，這似乎是一場步步逼近的災難，而這是他們還可以做出回應的災難。就在同一天結束時，該產業的新聞網站「全球音樂事業」（Music Business World Wide）用自己的標題發表產業的觀點：「由於受到直接許可的不良影響，大型唱片公司可能會阻止Spotify在印度的擴張。」

你看到這發生得有多快了嗎？Spotify的成長雄心與它的重要聯盟合作夥伴的目標，彼此發生衝突。雖然Spotify可以直接接觸新表演者，但唱片公司擁有現有的音樂目錄，因此仍然是Spotify核心業務所依賴之權利和授權的關鍵守門人。Spotify已暴露自己是長期價值反轉的潛在推手，但至少在中期仍然嚴重依賴唱片公司，因此Spotify的新挑戰變成要與唱片公司修補關係。

一位唱片公司的高階主管說：「Spotify必須說服我們，為什麼我們應該幫助他們競爭，而現在，出於明顯的原因，我們並不覺得十分相信。」又說：「我們正在認真考慮不授權印度的市場。」另一位唱片公司的高階主管在得知其他兩家唱片公司正在考慮阻止Spotify在印度上線時說：「同意。我們都知道，如果沒有這些市場，Spotify的全球市佔率根本不會成長。」[61]

承認錯誤可以開啟新的可能性

在2018年7月的季度電話會議上，Spotify試圖說服唱片公司，他們反應過度：「授權內容不會讓我們成為唱片公司，我們也沒有興趣成為唱片公司，」埃克說，「我們不擁有任何音樂的任何權利，我們也不像唱片公司那樣行事。」[62]

Spotify於9月繼續為獨立表演者推出上傳工具的測試版，然後很快宣布順延在印度的上線，對於尋求成長的投資者來說，這不是一個好消息。在市場資金普遍抽離科技公司的情況下，股價從7月的196.28美元高點，跌至12月的106.84美元低點。

面對這種情況的估計之後，Spotify終於屈服。「我想與音樂產業合作，我從來都不是要來顛覆的，」[63]埃克堅持說，希望能從主要唱片公司高階主管的腦海中，抹去他一年來的顛覆性聲明，因為唱片公司的音樂目錄佔Spotify收聽量的87%。「這是對我的嚴重誤解。我相信唱片公司很重要，而且在未來也會很重要。」[64]2019年7月，Spotify關閉為表演者實驗的直接服務。「我們服務表演者和唱片公司的最佳方式，」Spotify虛偽地宣稱，「是把我們的資源集中在開發Spotify可以為他們帶來獨特利益的工具。」

Spotify已經吸取教訓。在盟友的領域裡部署強大的能力，是導致危機的禍因，維持聯盟需要約束自己的衝動和發展方向。

然而，在不依賴關鍵盟友的領域，同樣的能力則必然可以有力地加速成長。對於Spotify來說，被迫將目光投向音樂以外的領域，使網路廣播podcast領域的潛力清楚地浮現出來，這些是以早期廣播精神呈現的音訊節目，涵蓋各種話題和領域。Spotify在音樂領域放棄上傳服務的一年內，花費超過10億美元收購podcast領域的獨家內容和內容整合服務商，與卡戴珊（Kim Kardashian）和蜜雪兒·歐巴馬（Michelle Obama）等意見領袖簽約。擁有自己的獨家內容會增加差異化和使用者黏著度，同時運用Spotify龐大的聽眾基礎來增加內容發布和廣告收入。podcast這個新的元素，將巧妙地融入價值結構，並從發現和推薦的綜效中受益（圖2.8）。埃克在深思Spotify以2億美元收購一家體育podcast媒體集團的邏輯時，解釋說：「我認為，我們真正對運動影音網站The Ringer所做的，是我們收購下一個ESPN。」他繼續說，「這實際上在擴大我們的使命，從僅僅關注音樂，擴展到關注所有音訊節目，並成為世界領先的音訊平台。」[65]

就在幾年前，埃克自吹他的公司單獨專注於音樂：「音樂是我們整日整夜所做的事情。」[66]但是，由於發現直接與音樂表演者交涉，這方面的成長會受到限制（至少在一段時間內），因此Spotify策略轉移到新的成長領域，一個不會擾亂音樂界關鍵聯盟的領域。

圖 2.8
Spotify 修訂後的價值結構，顯示「直接與表演者交涉」的連結被破壞，並增加 podcast 這個價值元素（以粗體顯示）。

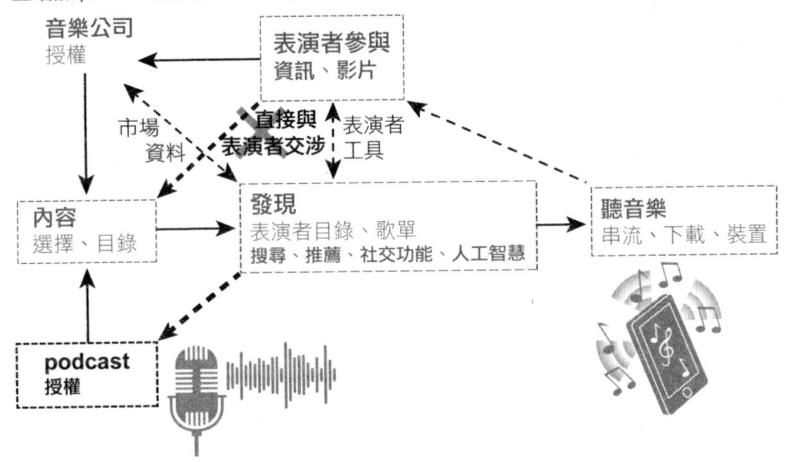

與往常一樣，我們應該預期動態會繼續發展。儘管Spotify迅速撤退，但我們仍可以預期，Spotify的野心和能力與唱片公司的強勢地位，兩者之間的自然緊張關係將繼續存在。假以時日，Spotify會變得愈來愈重要，我們可能預計它會在未來某個時候，再次採取更強勢的立場。音樂產業的主要參與者應該保持警覺，睜著一隻眼睛睡覺。

生態系有效的防禦

傳統競爭策略的邏輯源自於軍事思維，包括攻城掠地、直接的敵手，以及零和遊戲，而生態系策略的邏輯則源自於外交思維，像是共存、建立聯盟和尋找共同策略利益。Wayfair、TomTom和Spotify無法單獨捍衛自己的地位：強大的生態系的防禦必須協力合作。

生態系防禦的原則，著重保持你創造價值的能力，而不是消除競爭對手創造價值的能力。這不僅僅是一種善意的世界和平哲學，說得更確切一點，這是承認不同的生態系建立的方法，也就是不同的價值結構，哪怕是在追求相同的明確價值主張時，也會以不同的方式創造它們的價值，從而在市場上吸引不同的客戶。

你是如何從你的結構中，選擇哪些元素應該加強和防禦？哪些元素你應該接受商品化？

若競爭的特徵是正面激烈地搶奪明確的市佔率，競爭愈激烈，所爭奪的價值就愈商品化。而不同結構的直接結果，是價值創造的差異會愈大，大家能共存的潛力也就愈大。

我們在本章中研究的競爭非常激烈，但解決之道取決於找到創造價值的新方法。這說明不僅對市場，而且對你的合作夥伴也要採取不同的方法。在聯盟的世界中，培養信任是關鍵。如果你只是在需要動用信任時，才開始建立信任，那麼你起步已太晚。更糟糕的是，毫無克制地追求成長會帶來非己所願的後果。如果不優先考慮聯盟的永續性，可能會把你在聯盟中的位置，從盟友反轉成對手，並破壞你在近期和長期的防禦能力。有鑑於建立信任需要很長的時間，而削弱信任又是如此之快，從盟友到威脅這樣的地位顛倒，尤其具有破壞性。

你的組織需要在哪裡建立防禦聯盟？哪些地方最容易在無意中，危及現有的關係？

防禦的關鍵是承認進攻的現實，積極主動地進攻，並採取行動來保持和提高你創造價值的能力。你的價值結構是一個強大的鏡頭，透過它來解釋生態系的攻擊性質，例如哪些元素受到威脅和你的反應選項，例如哪些元素在這種反應的潛力表現突出。因此，沒有籠統的「正確」策略來回應攻擊，而是在特定時刻和情況下，適合你、你的組織和你的合作夥伴的策略。

生態系防禦的核心，是保持合作夥伴的協調。但是，你首先如何讓你的合作夥伴協調？生態系的建立本身就是生態系進攻的關鍵，也是我們下一章的重點。

第三章

生態系的進攻：從增加競爭到改變競爭

要怎樣吃掉一頭大象？一次吃一小口。

——英文諺語

怎樣會在吃大象時被噎到？在第一口還沒吃完前，就吃第二口。

——艾德納的推論

在當今競爭激烈的領域，我們看到的是新的賽局方式。傳統的顛覆者從下方發起隱形的攻擊；生態系的顛覆者從側面以迴旋踢的方式發起攻擊。傳統的多元化企業進入相鄰產業，與現有公司展開正面競爭。當他們進入產業時，他們增加產業框框內的競爭，但框框本身並沒有改變，例如沃爾瑪進入超市雜貨業、本田進入汽車業、索尼進入遊戲機業。**生態系的顛覆者改變產業的價值結構，並在過程中創造新的相鄰關係**。在他們進入後，以前不同的產業會集聚一堂，框框發生變化，例如蘋果把MP3播放器和手機結合起來，發起智慧型手機革命；特斯拉把電動汽車和充電的基礎設施結合起來；阿里巴巴將電子商務與信用評分結合起來。就在你認為自己是在銷售X的業務時，他們改變了界限，因此真正推動賽局的是Y。

傳統的顛覆和生態系的顛覆之間的區別，在於增加競爭和重新定義競爭之間的差異。生態系的顛覆根源在於新價值結構的部署，這些進一步又取決於合作夥伴和活動的新調整方式。這種新奇且陌生的安排，就是為什麼生態系顛覆者的早期努力沒有被現有公司注意到，即使這些雷達已經有高度適應傳統顛覆的潛力。當生態系顛覆者的進入最終引起競爭反應時，模仿往往是有缺陷的，因為現有公司關注的是產品的形式，而不是價值結構的建立過程，也不是關鍵合作夥伴的協調過程。若能更清楚地了解生態系動態，將可解釋令人驚訝的轉型，並就如何追求這些轉型提供指導。

亞馬遜是如何從寄送書籍和衛生紙的電子商務巨擘，成為擊敗蘋果、Google、微軟等眾多產業巨頭，引領競爭，成為智慧家庭的大腦？

個人企業家歐普拉（Oprah Winfrey）是如何從主持脫口秀，轉變為建立媒體帝國，重新定義廣播、出版和養生產業之間的界限？

亞薩合萊（ASSA ABLOY）是一家起源於19世紀鎖具和鑰匙的北歐工業製造商，是如何從銷售產品給當地鎖匠，轉變為與Honeywell、三星和Google等巨頭一起定義門禁控制生態系的重要合作夥伴？

這些顛覆者，包括線上零售商、個人企業家和舊世界製造商，每一個都引入新的價值結構，改變競爭的局勢。在某些情況下，生態系的破壞顛覆整個產業的結構，正如我們將看到亞馬遜開發的Alexa語音助理。在其他情況下，生態系的顛覆創造獨特的切入點，打破傳統規則和可能的範圍，正如我們將看到歐普拉和亞薩合萊的案例。生態系的顛覆者可以有多種形式，從許多起點出發：沒有人被排除在追求生態系的顛覆之外，這也意味著沒有人可以安然地免受影響。

而且，在這裡亞薩合萊的例子推翻舊產業不受現代顛覆影響的觀點；並顯示成熟的工業公司至少也可以像矽谷巨擘一樣，漂亮地迎戰這個賽局。

建立生態系三原則

你如何從不相關的產業開始，例如音樂播放器、語音助理、電燈開關，並將它們無縫地整合在一起，以至於在事後人們會想不透，怎麼會從一開始看不出來要把它們融合起來？你如何運用重新排列的元素，打造出一個生態系，讓所有依照舊規則迎戰的人都被視為恐龍？

你可以用新的價值結構做到這一點，但是你如何建立這樣的結構呢？

答案是（1）你並非孤軍奮戰；（2）無法一步到位。

新的價值主張令人振奮，而背後價值的元素需要活動來支持，很少能有單獨一家公司就能夠控制所有的活動。因此，成功取決於吸引和協調合作夥伴。要推動生態系的顛覆，關鍵是把其他人帶入你正在嘗試迎戰的新賽局中，並用一種讓他們想要參與的方式進行，除了想像一個生態系之外，你必須找到實際建立生態系的方法。

建立生態系是顛覆生態系的核心。當我們考慮建立生態系的基本過程時，有三個原則特別有幫助。[1]

原則一：建立最低可行生態系統（minimum viable ecosystem，簡稱MVE）

原則二：遵循階段性擴張的路徑

原則三：部署生態系的傳遞

原則一：建立最低可行生態系統

如果我們接受生態系不會奇蹟般地完全形成好，我們就會立即面臨生態系建立的次序問題：「所以……我們先做什麼？」最低可行生態系統就是解答。MVE是最小的活動布局，可以創造足夠的證據，顯示出價值創造，以吸引新的合作夥伴。增加合作夥伴是建立價值結構和實現價值主張承諾的關鍵。正如我們將看到的，因為MVE的目的是吸引合作夥伴，所以顧客在MVE階段的關鍵貢獻不是驅動利潤，而是創造證據，推動合作夥伴的承諾。

尋找MVE，意味著要面對雄心勃勃的價值創造和現實的合作夥伴參與之間的緊張關係。你首先從你想要結束的地方開始，然後確定通往目的地的可能路徑。權衡可能的得失，意味著MVE是策略性的，而不是確定性的，你不是在尋找一般而言是「正確」的MVE，而是尋找適合你的MVE。我們將在Alexa的案例之後，把MVE的概念與最低可行產品（minimum viable product，簡稱MVP）的概念進行對比。

原則二：遵循階段性擴張的路徑

一旦建立MVE，問題就從先做什麼，轉移到下一步做什麼。階段性擴張的原則要求，明確規定在MVE之外引入其他合作夥伴或活動的順序。階段性擴張是解釋為什麼合作夥伴B是第二位而不是第三位加入的，這一定是因為合作夥伴B到位後，將有助於引入合作夥伴C。每個額外的合作夥伴的加入，都是為了追求兩個不同的目標：他們建立價值結構，並且他們為引入下一個合作夥伴做好預備，而下一個合作夥伴又將為這兩個目標做出自己的貢獻。早期合作夥伴的作用不是促進利潤，而是吸引後續的合作夥伴，並為後者可以自信地參與，創造必要的證據。

雖然價值元素和合作夥伴之間沒有僵化、一對一的對照（因為特定的合作夥伴可能只對一個元素做出部分貢獻，或者可能對多個元素做出貢獻），但增加合作夥伴可以增強價值結構，從而增強價值主張。

原則三：部署生態系的傳遞

根據第一章的定義，我們了解新的生態系是由布局新的合作夥伴來定義。然而，對於成熟的公司來說，合作夥伴本身不必是全新的。**生態系傳遞的原則強調運用在建立生態系時開發的元素，實現建立第二個生態系**。加入生態系一的合作夥伴可以繼續參與，幫助推動生態系二的MVE。

對於開明的現有公司來說，生態系的傳遞是創造新市場空間的「祕方」。對於新創公司而言，一旦他們建立起來，生態系的傳遞可以莫大地加速成長和擴張。傳遞是一個微妙的過程，因為你要努力說服合作夥伴跟隨你的願景，進入一個尚未建立的生態系。有時候，有可能就用這樣的方式把你的合作夥伴帶過來，他們甚至沒有發現自己是新生態系中MVE的一部分。我們將在Alexa語音助理的案例中，看到音樂公司的這種情況。然而，更多的時候，生態系是開放參與的。在這種情況下，策略挑戰是運用在一個環境中形成的理解，根據你和你的夥伴在新環境中的互動方式，制定新的協定。

生態系建立的這三個原則說明價值結構的創造，並透過後者說明價值主張。實現這種協調是生態系策略的核心。如果沒有協調，顛覆就是幻想。有了協調，顛覆可能會非常驚人。

我們將透過三個不同的案例，及其在三種不同情況下的相互作用。亞馬遜的Alexa智慧語音助理將顯示產業的外人，如何透過MVE建立立足點，然後一步一步地建立領導地位。歐普拉將證明部署生態系的傳遞如何重新劃定界限，以改變不同領域的賽局，並且賽局可以由個人企業家來參與，而不是只有大公司才能參與。最後，亞薩合萊將示範舊經濟的商品供應商，如何成為差異化的參與者，運用現有公司的獨特優勢，來協調保守的合作夥伴，並實現轉型，從而在重要的協商時刻，創造新的一席之地。

在過程中我們會看到一些絆腳石，就像在每一趟真正的旅程中的情況一樣。而且要說明的是，雖然每位主角一開始都設定明確的策略目標，但他們的旅程受到新出現的挑戰和機會的影響：策略的目標不是消除適應的需要，而是設定明確的方向，然後在選擇出現時，指導連貫一致的決策。

Alexa智慧語音助理：誰將贏得智慧家居的競賽？

亞馬遜在2021年獨佔鰲頭的地位讓人很容易忘記，截至2014年，亞馬遜只推出四條消費電子產品線：成功的Kindle電子閱讀器、慘敗的Fire Phone，以及相對衍生出來的Fire平板電腦和Fire電視棒。

當亞馬遜在2014年11月推出搭載Alexa的Echo智慧音箱時，它在語音助理競賽中處於劣勢，面對的對手有蘋果的Siri（由世界上最賺錢的智慧型手機平台iOS的業主在2011年推出）、Google的Now（後來改名為Google助理，由世界上最受歡迎的智慧型手機平台Android的業主在2012年推出）和微軟的Cortana（在2013年由世界上最主流的電腦平台Windows的業主推出）。在比賽的早期階段，亞馬遜的技術劣勢很明顯。「好吧，Alexa並不完美；事實上，這話講的不對，」《紐約時報》指出，「如果亞馬遜Echo有一個明顯的缺陷……就是她太笨了。如果Alexa是一名人類助理，就算不把她送去精神病院，你也會解僱她。」[2]

亞馬遜把Alexa語音助理安裝在Echo音箱的黑色圓筒中，讓具有競爭力的方面增加。像Bose、JBL和Sonos等現有公司提供優異的音質，並且已經接受網路連線和與智慧型手機的整合。「千萬不要，我再說一遍，不要購買亞馬遜Echo來當作藍牙音箱，」一位評論者呼籲，「它的聲音足以讓機器人的聲音可以聽得見，但送出的音樂卻顯得扁平、尖銳、壓縮的。同樣的價格你可以買到好太多的音箱。」[3]

然而，到2021年，是亞馬遜把以前截然不同的音箱和語音識別產業合併在一起，主導由此產生的智慧音箱市場，並運用這種攜手合作，又在第三場競賽中獲得最有利的位置，即在長達數十年的競賽中，成為智慧家居的中心。然後，它把戰場移到家庭以外等地方，把語音的「環境計算」（ambient computing）擴展到汽車、辦公室、醫院和其他地方。要怎麼推動如此驚人的轉變？

亞馬遜Alexa進入競爭激烈的智慧家居領域，完美地說明以合作夥伴為中心的方法，來重新定義市場。低調、溫和的開端掩蓋亞馬遜大膽的價值主張：成為智慧家居生態系的中心，並從那裡向外擴展。在四年之內，它擊敗自動化巨頭Honeywell和奇異電氣、電信業界領導者AT&T，以及科技業對手蘋果和Google數十年的努力。對於一個硬體和音訊的新手來說，表現還不賴。

智慧家居的中心是連接家庭裡各種不斷增加的裝置的關鍵心臟，這場戰鬥如此激烈，因為對這個獎賞的期望非常之大。全球智慧家居市場預計在2017年至2022年間每年成長14.5%，達到高達534.5億美元的規模。[4]同時，三十年來的試驗和（大部分）錯誤顯示，佔領智慧家居市場需要的不光是可以自動調節家中溫度或遠端鎖門的小玩意。[5]

亞馬遜創辦人兼執行長貝佐斯（Jeff Bezos）從一開始就對目標很明確：「從科幻小說的早期開始，人們就一直夢想擁有一台可以自然交談的電腦，並實際要求它與你對話，並叫它為你做事。」[6]事實上，幾十年來，這種願景一直是電影和電視節目的標準素材。這樣的願景無論是否獨特，希望向消費者提供可相互操作、便利性和功能，同時安排合適的合作夥伴，以支持其價值主張，就這樣，是個願景而已。

巨頭可能擁有強大的技術優勢、出色的品牌和打進市場的機會。但是，這些優勢只有在得到一群協調一致、可以推動產品發展的合作夥伴的支持時，才有意義。事實上，亞馬遜的Fire Phone資金充足、受到大力的推廣，但最終在智慧型手機市場上的競爭嘗試中，以失敗告終，這證明一家優秀公司推出眾所矚目的產品，並不能替代成功的計畫。

亞馬遜Alexa第一階段：建立MVE

在這個現代顛覆的故事中，亞馬遜的第一階段是耍了「天上掉下戰利品」的心機手段開始的，在2014年11月推出Echo音箱，僅供Prime使用者使用。意外的是，與已經流行的藍牙音箱產品相比，Echo的音質平庸。它耳目一新之處，在於能夠使用基本的語音命令，來播放Amazon Prime Music（亞馬遜也經營音樂串流服務，與Prime會員資格綁定在一起）中的歌曲，並使用基本的語音應用程式（天氣、時間等）。在推出時，搭載Alexa大腦的Echo音箱遠遠落後於該領域早期先行者所設定的基準。《消費者報告》（*Consumer Reports*）不願意對這個產品買單，「Echo沒有做到Siri、Google Now和Cortana那樣，與智慧型手機上的日曆、簡訊和通話功能緊密相連，所以

Echo對你和你的世界所知甚少，這點令人驚訝。」[7]

當它最終提供給非亞馬遜Prime使用者時，該裝置讓一些技術評論家翻了個白眼。「我無法告訴你，有多少次我們問Alexa問題，她回答說，『對不起，我聽不懂我聽到的問題。』這樣的回答一遍又一遍，一遍又一遍地出現。還真是太感謝你囉，Alexa。」[8]

這款包含免費串流媒體音樂的普通無線音箱，加上語音控制的新穎性，足以吸引一些早期使用者，沒有到很多的程度。當然，還不足以對亞馬遜的收入做出微小的貢獻，但足以讓事情有個起頭。

第一階段的目標不是讓市場眼花繚亂；而是建立MVE，然後在此基礎上才能取得進展。Alexa的起點是Prime Music，這是二流的音樂串流媒體服務，與Spotify和蘋果等公司相比，它提供的歌曲目錄有限，但若是有Prime會員資格則免費提供。亞馬遜在Echo推出的前四個月，推出Prime Music。你認為這個時機是偶然的嗎？對於音樂公司這些重要的合作夥伴來說，Prime Music的預先建立，意味著他們在不知情的情況下，成為亞馬遜智慧家居MVE的參與者。

Echo的初始部署是為了給合作夥伴奠定微妙的基礎，而不是在消費者中大獲全勝。Echo裝置和Alexa產品總監里德（Toni Reid）解釋說：「我們想去找那些我們認為會給我們反饋、並希望能塑造產品的顧客，結果證明這很有效。我們有一群很棒的顧客，他們給了我們早期的反饋和高使用率。」[9]**重點不是收入或行銷宣傳，而是使用情況**，在雲端的世界中這是進步的隱藏動力：更多人使用會產生更多的資料，這些資料被用來訓練演算法，從而產生更好的性能。沒有其他東西可以替代使用者產生的資料來加速這個進展，而這正是Alexa在第一階段MVE所實現的結果。

圖3.1描繪Alexa生態系的各個建立階段的特點。

亞馬遜Alexa階段二：技能擴展

亞馬遜從MVE最初演算法獲得的成長，開始擴展透過Alexa平台提供的「技能」。亞馬遜宣布可透過Alexa，對Spotify、iTunes和Pandora進行語音控制；[10]另外，只是為了好玩，還加入「老師說」的遊戲功能。在第二階段，亞馬遜運用自家雲端服務部署的機器學習演算法，由於其雲端的大規模網路計算能力，使得Alexa的人工智慧變得更好、更智慧。在推出後的七個月內，亞馬遜的Alexa提供更進階的應用程式，從向達美樂訂購披薩，到與你的Google日曆同步，再到「即將會有好事降臨」的算命功能。

亞馬遜向消費者展現這些更進階的技能，但更重要的是向開發者展現Alexa（透過Echo）可以、而且應該被視為一個有意義的平台。即使科技評論家和消費者還沒有發現，開發人員肯定發現了：亞馬遜雲端服務的強大功能意味著Alexa會愈變

圖 3.1
亞馬遜 Alexa 的生態系結構圖。

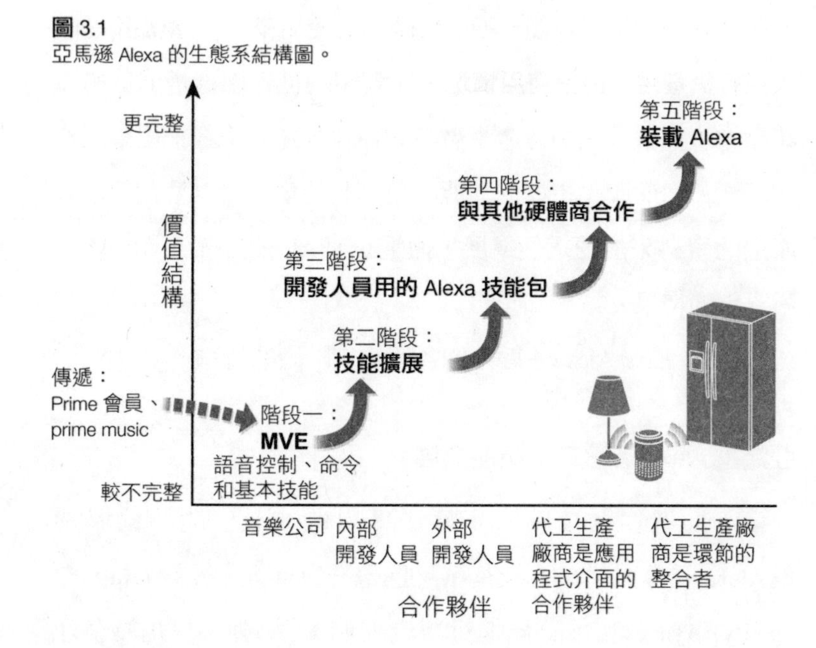

愈聰明。貝佐斯在2016年的程式碼會議（Code Conference）上談到人工智慧時指出，「將會有極大的進步。」[11]

Alexa開創的語音界面，透過不斷成長的技能組合所提供的證據獲得認可。由於每一次新的相互作用都增加資料，使得Alexa演算法變得更加準確和具洞察力，因此效率也愈來愈高。

亞馬遜Alexa第三階段：開發人員用的Alexa技能包

由於引起開發人員的興趣，亞馬遜的第三階段是開放Alexa的界面，這樣替Alexa創造新技能，會比在任何競爭對手平台上開發新技能更容易。Alexa技能包（Alexa Skills Kit，簡稱ASK）的推出讓外部開發人員替Alexa創造新的功能，類似於蘋果的第三方生態系和App Store。透過ASK，亞馬遜把對新語音功能的需求外包給開發人員社群。亞馬遜Echo和Alexa語音服務副總裁哈特（Greg Hart）在2015年6月說：「今天，我們要讓所有開發人員、創客或一般愛好者都能使用Alexa技能包，讓他們代表用戶創造新的技能與功能，我們迫不及待地想看看開發人員用這項技術發明出什麼東西出來。」[12]同年夏天，亞馬遜還宣布設立Alexa基金，撥款1億美元用於支持開發人員和企業從事語音技術方面的創新。

Alexa的技能數量從2015年的130個，[13]增加到2016年的5,000個，再到2017年的25,000個，到2021年會超過80,000個。[14]隨著每一種新用途的出現，亞馬遜都會運用更多的資料，來加強人工智慧，這也決定Alexa不斷成長的能力，同時吸引更多的消費者和開發人員接受該平台。

2016年5月，貝佐斯宣布有一千多名員工在致力於Alexa方面的工作。到2017年，這個數字將超過5,000名。[15]這可不是「兩個披薩團隊」的計畫，[16]而是全力的鞭策要在市場坐穩一席之地。到2017年底，在推出Echo Dot、Echo Look和Show等不同價位的機種後，亞馬遜已成為全球最大的音箱品牌，擊敗傳統音箱製造商和智慧音箱的競爭對手。[17]雖然Echo的機種愈來愈多，但每一種都是運用Alexa的平台，只是外殼不同，隨著每多一次的使用實例，這個平台會持續變得更好和更智慧。

亞馬遜Alexa第四階段：與其他硬體商合作

隨著使用者和開發者兩者都到達足夠數量，亞馬遜進入第四個階段，即設法取得智慧家居硬體製造商的支持。雖然這些公司有豐富的平台和標準可以讓他們的產品相容（蘋果的HomeKit、Google的Nest、三星的SmartThings），但亞馬遜的平台既能吸引注意力，也能吸引到資源投資。

亞馬遜在2016年推出Works with Alexa認證計畫時，這又是另一個轉折點：奇異電器（General Electric）宣布，他們的Wi-Fi連接家用電器系列，包括冰箱、洗碗機、烤箱、爐具和洗衣機，現在會與Alexa相容。語音命令會被引導到Echo音箱，然後由音箱來控制裝置要啟動的功能。「語音連線在物聯網和家庭中都發揮著重要作用，」奇異家電的一位高階主管表示，「把我們的連線裝置與Alexa整合在一起，會有助於讓消費者的生活更輕鬆、更有成效、更有樂趣。」[18]為了實現智慧照明的夢想，至少八家領先的燈泡製造商推出與Alexa相容的產品，而這些只是冰山一角。到2019年1月，有4,500多家公司超過28,000種裝置可以透過Alexa的環境智慧控制。[19]

亞馬遜Alexa第五階段：裝載Alexa

現在讓我們熱烈地揭曉亞馬遜的雄心壯志。第五階段，也是真正突破的階段使Alexa的語音功能不僅可以與其他製造商的硬體配合使用，而且可以植入其他製造商的硬體中。

Alexa語音服務最初是免費向第三方硬體製造商開放的。這套工具讓其他公司能夠輕鬆地把Alexa植入他們自己的硬體中，無論是電燈開關、電視，還是恆溫器。在第四階段，要用Alexa控制電燈開關，必須先透過Echo音箱，而第五階段不同的是，Alexa已成為開關的一部分，不用向Echo開口說「開燈」，使用者現在可以直接對著電燈開關說出指令。這是一個了不起的大躍進，從相容到整合，從選擇性的連接到內建的大腦。

2019年9月，亞馬遜宣布推出Alexa連線套件（Alexa Connect Kit，簡稱ACK），這套模組可輕鬆「使任何裝置成為智慧裝置」。每台裝置平均花費7美元（費用包括硬體模組和使用ACK雲端服務），裝置製造商可以打造與Alexa整合的產品，久而久之，產品會變得更具智慧功能。到2020年12月，三星、LG、Sonos、Bose和Ecobee等公司都推出與Alexa整合的產品。「亞馬遜把Alexa重新定位為成平台，在這方面亞馬遜做得非常成功，」一位分析師指出，[20]「裝載Alexa的裝置數量驚人。」貝佐斯總結這個歷程：「我們並不經常看得到這麼大規模的正面驚喜，大家還期待我們會加倍投入。我們已經來到一個重要的時刻，其他公司和開發商正在加速採用Alexa。」[21]

Alexa的成功有賴紀律嚴明、階段性的方法，把必要的合作夥伴加入進來。這裡的關鍵字：階段性。很明顯，亞馬遜對

Echo可能的未來有一個全面的願景。早在2010年，亞馬遜控制家庭的願景已開始醞釀，當時亞馬遜申請涵蓋虛擬顯示器的專利，這些虛擬顯示器將提供一系列的服務，以回應語音指令和實體手勢，貝佐斯本人也被列為當中多項專利的發明人。[22]在描述貝佐斯對Echo推出前的願景時，一位開發人員說：「對於裝置的最終功能，幾乎懷抱不合理的期望。」[23]但是，駕馭這個願景的能力，是清楚認識可能的情況，並且是逐步實現的方法。

當貝佐斯說，「我們已經來到一個重要的時刻」，他是在提醒我們，成為平台不是起點，而是終點，Alexa不是從第五階段才開始的。亞馬遜一步一步地打造出自己設計和建立的生態系，以一個賽局的局外人之姿，創造與科技巨頭並列的中心地位，藉由願意合作的夥伴，把要成為智慧家居大腦的抱負，轉變為提供與Alexa相容的周邊裝置，並改變智慧家居領域的競爭基礎。由此可見，成功的生態系顛覆很少是一蹴而成的。

千里之行，始於足下

重要的是要記住，亞馬遜在智慧家居領域能迅速崛起，並不是命中注定的。

亞馬遜目前的成功讓人很容易忘記它在2014年的劣勢地位。在蘋果、Google、微軟和亞馬遜之間的四強爭霸賽中，很少有人會把賭注押在亞馬遜身上（2020年的市佔率為53%），

Google也表現不俗，跟在其後（28%），蘋果遠遠落居第三（4%），[24]而微軟的Cortana已經退出競賽。[25]

三星從戰場上撤退，啟示我們垂直整合有其侷限：靠自己集團旗下的公司，並不能自動解決合作夥伴的協調問題。三星在智慧型手機、家用電器、汽車技術、醫療保健、半導體等產業中，都佔據全球要角，是一個真正的巨頭。到2017年，三星已在200多個國家銷售的消費產品中，部署自己的語音個人助理Bixby。一位三星高階主管表示，「Bixby語音功能的擴展是繼續推廣Bixby功能的第一步。未來，Bixby將擁有學習能力，可以流暢地連接更多裝置，提供更智慧、更個人化的功用。」[26]到2019年9月，甚至沒有人在消費電子新聞發表會上提到Bixby。

生態系成功的最大障礙很少是願景或技術。在生態系中最困難的障礙，是讓可靠的合作夥伴同意讓別人替他們做安排。亞馬遜成為智慧家居領導者意味著讓其他人接受，並接納他們自己不會成為平台的事實。

最低可行生態系統與最低可行產品的比較

最低可行產品（以下簡稱MVP）的想法已成為測試市場的主要方法。透過布蘭克（Steve Blank）、萊斯（Eric Ries）和精實創業運動的工作，MVP方法論引導創新者在他們的開發道路上，儘早探索他們對產品設計和市場需求的假設。目標是使用最原始（即最便宜）的原型進行探索，獲得消費者有意義的反饋，並在致力於「真正打造」和推出完全商業化的產品之前，根據這些反饋，進行密集地迭代過程。因為MVP結合強制顧客參與和迭代的低成本原型設計，所以這是一種強大的探索方法，是你工具箱中的寶貴資產。[27]

最低可行生態系統（以下簡稱MVE）的意思則不同，它的目標不是探索消費者的需求。相反的，它的目標是把你需要的合作夥伴協調起來，以建立你的價值結構和實現你的價值主張（當然，價值主張本身必須在深入洞察顧客需求的基礎上，精挑細選出來）。MVE與原型設計較無關，而更多涉及吸引和協調。它提供一個基礎，讓你可用來吸引第一組的合作夥伴，這有助於吸引第二組，然後是第三組，依此類推。

當我們考慮到早期顧客的角色時，這種差異就變得很明顯：MVP裡的早期顧客的工作，是在你推出產品之前，教你了解市場；而MVE中的早期顧客的工作，是給你足夠的證據，來吸引合作夥伴，然後合作夥伴將吸引下一個合作夥伴。當結構進一步增強時，這些合作夥伴將讓你提出一個充分發展的價值主張，以推動你「真正」以顧客為中心的銷售工作。

在你的價值主張取決於多種元素結合的環境中，你需要吸引和調整合作夥伴，以便向顧客提出你的主張，這時依賴MVP的方法可能會出現問題。雖然你可以讓合作夥伴參與粗略的原型，但你無法使他們跟你協調一致。你可以讓他們與你共同創造，但這樣你就不能制定賽局規則。

想像一下另一種情況，亞馬遜沒有從MVE進行階段性擴張，而是在最初的對話中跳到終點目標：

「嗨，三星，你想不想讓我們成為智慧家居的大腦，而你只是其他家電製造商旁邊的合作夥伴？」

「嗨，環球唱片，你們的音樂目錄是我們接管智慧家居計畫的重要基礎，在我們針對少數的音樂目錄來協商折扣條款時，能否請你們忽略這個事實？」

「嗨，開發人員，我們已經賣出幾個這種未經測試的產品，我們上次的硬體測試是一場大災難，我們能指望你們相信我們嗎？」

如果你的過程是要和別人共同建立的，當合作夥伴覺得，他們和你一樣自然地有權要求領導時，不要感到驚訝。源自於MVE的協調策略是為了促成進一步的階段性擴張而建立的，可以幫助創造領導地位，同時避免領導權的爭奪。亞馬遜對家電製造商的做法就是一個完美的例證，我們將在第五章回來談在生態系中建立領導地位的挑戰。

MVP和MVE應該在你的錦囊妙計中共存，但不要落入將兩者混為一談的陷阱。MVP是用於洞察顧客的工具，而MVE是用於協調合作夥伴和擴大規模的工具。

超越智慧家居

Echo智慧音箱最初採用Alexa的雲端智慧，是早期使用步驟，來改變更大賽局的精闢示範。Alexa曾經被困在她那平庸圓柱形音箱的籠子裡，現在已經掙脫了。這種「環境計算」是一個不斷擴展的連接網路，特色是隱形、始終連接、靈活、無縫接軌，這是最終的智慧家居成就，讓裝置真正融入成為環境的一部分。亞馬遜的價值主張不是成為智慧音箱業務的贏家，而是要成為音控智慧業務的冠軍。環節一項接著一項拼湊起來，合作夥伴一個接著一個協調在一起，亞馬遜在這個領域的努力是運用階段性擴張的力量，值得深思研究。

智慧家居計畫本身只是邁向更大的旅程的一步。亞馬遜從智慧家居生態系的基礎上，已經進軍汽車、醫療保健、個人行動裝置解決方案和企業應用程式。以這種方式跨越生態系，是推動成長的有力方式。要有效地做到這一點，幾乎總是要透過運用生態系傳遞的原則，來啟動MVE，所以我們接下來將對此進行研究。

歐普拉：運用傳遞效應，重新定義生態系的進軍方式

生態系的進攻，明顯地會改變整個產業的發展方向。然而，這些原則同樣適用於重新定義規模較小的競爭，運用這些

原則讓公司和企業家有機會，為自己創造新的地位和進軍新市場，而不一定要顛覆別人的賽局局勢。歐普拉的創業之旅與她的品牌連貫在一起，是一個漂亮的說明，你不一定要破壞才能顛覆。[28]

歐普拉的發展過程展現使用生態系的傳遞，調整新合作夥伴並推出獨特的MVE，以支持新的價值主張。運用生態系的關係推動新生態系的目標，在這方面她給大家上了一門大師級的課程。

在你看本書時，要記住的問題不是「我如何打造名氣？」，而是「我目前擁有哪些資源和關係，我如何運用它們推動新生態系的協調？」

從影視生態系起家

歐普拉的崛起就像一個童話故事：她在極艱難的環境中出生和長大，但她的聰明才智、樂觀精神和膽識使她逆轉勝。

歐普拉原本是納什維爾（Nashville）當地電視新聞和脫口秀節目的主持人，然後轉到巴爾的摩（Baltimore），1984年她搬到芝加哥，她的才華讓她的晨間節目在第一個月收視率從最後一名上升到第一名。1986年，她把節目重新改名成自己的同名節目《歐普拉秀》（*The Oprah Winfrey Show*），而這節目播出25年。歐普拉和她的節目共贏得48項日間艾美獎；《歐普拉秀》連續23季是排名第一的脫口秀節目，[29]在高峰期每天吸引

1,200萬至1,300萬觀眾。[30]

讓《歐普拉秀》成功的天賦、毅力和運氣的特異組合，並使歐普拉成為家喻戶曉的人物，這麼困難的事情要如何複製，不在本書想要解釋的範圍。相反的，對我們來說可複製的啟示，是選擇做明星以外的事。

歐普拉本來可以（只當）一位超級名人。相反的，她成為媒體巨頭，在內容生態系中擴大她的足跡，然後又向外擴展。就像Alexa的故事一樣，雖然運氣總是發揮相當的作用，但滿懷抱負的願景也是如此。1986年是歐普拉登上全國節目舞台的第一年，她在接受採訪時，大膽地說：「我當然打算成為美國最有錢的黑人女性，我打算成為一名大亨。」[31]

沒有什麼事可以保證成功，不過成功很少是純粹偶然的。

自己掌權：從明星到老闆

明星收入豐厚，但他們仍然是聽命於管理層的員工。老闆承擔風險，換來的是獲得有利的回報，也許更重要的是，他們可以控制所承擔的風險。

1988年，隨著《歐普拉秀》坐穩美國日間電視節目的收視冠軍，[32]而且大家都知道歐普拉是成功的關鍵，歐普拉和她的律師／代理人以及即將成為商業夥伴的傑考布斯（Jeffery Jacobs），就購買她的節目版權這件事進行談判，歐普拉的公司哈波傳媒（Harpo Media）成為建立她帝國的保護傘。歐普拉在這第一堂課教我們，挖到黃金、發現你已經挖到黃金，以及知道在交易中黃金真正實現的價值，這當中的差異。

歐普拉現在是一名企業家，承受風險，但是事情在她的控制之中。除了購買節目版權外，哈波傳媒還買下製作她節目的攝影棚。她很快將自己的足跡擴展到自己的節目之外，製作更多的內容：在電視影集方面，有1989年的《釀酒場的女人》（*The Women of Brewster Place*，暫譯）、1989年的《這裡沒有孩子》（*There Are No Children Here*，暫譯）；其他日間節目的主持人當初也是先從《歐普拉秀》中嶄露頭角，像是菲爾博士（Dr. Phil）、奧茲醫生（Dr. Oz）、瑞秋·雷（Rachel Ray）；最終還拍攝1998年的電影《魅影情真》（*Beloved*）、2009年的《珍愛人生》（*Precious*）和2014年的《逐夢大道》（*Selma*）。2018年，她與蘋果公司合作，為蘋果新的串流媒體服務製作獨家內容。

她自始至終，共通的內容主題是個人轉變、同理心和靈性。然而，共通的商業主題是控制：哈波傳媒所承擔的內容、語氣和風險種類的控制能力。

最珍貴、最嚴密受到保護的，是歐普拉與觀眾建立的信任關係。「歐普拉成為她觀眾的一部分。她和她的來賓一起流淚、分享個人故事，並與觀眾對話，而不是對觀眾說話，這就是人們學會相信和信任她的方式。」一位分析師指出。[33]雖然她的魅力吸引觀眾，但正是這種信任讓她的追隨者源源不絕，推動「歐普拉效應」，讓她成為市場上最強大的代言人，被她列入最喜歡的東西名單上的產品立即成為熱賣商品。「歐普拉讀書會」（Oprah's Book Club）成立於1996年，是作家希望能被點名的最有影響力推手，因為這個讀書會使藍姆（Wally Lamb）等新人小說家的職業生涯得以成功，並鞏固麥卡錫（Cormac McCarthy）等更知名作家的事業，最終將超過6,000萬本書推薦到讀者的手中。

這不僅僅是名人代言，這是與觀眾一起創造真正文化影響力的關係。歐普拉正是運用這種關係，在其他領域部署安排合作夥伴，並創新產品：這是她的生態系傳遞的動力。

跨越界限：生態系的傳遞發揮作用

歐普拉從影片內容價值鏈的活動，朝上逐步擴展，從螢幕上的人才，到製作人，再到業主，這本身就是了不起的商業成就。不過，這樣就是一個傳統的垂直整合故事，雖然令人刮目相看，但仍然在內容創作的框框內，由「製作好節目，從好節目獲得報酬」的基本模式，來定義這種高風險的賽局。

更具創新性的是歐普拉如何運用這個地位跳到其他產業（見圖3.2）。

由一號傳遞作用打進出版業

「歐普拉讀書會」是電視節目中的一個片段，並不是為了

圖 3.2
歐普拉挾帶著傳遞效應，打進新的生態系。

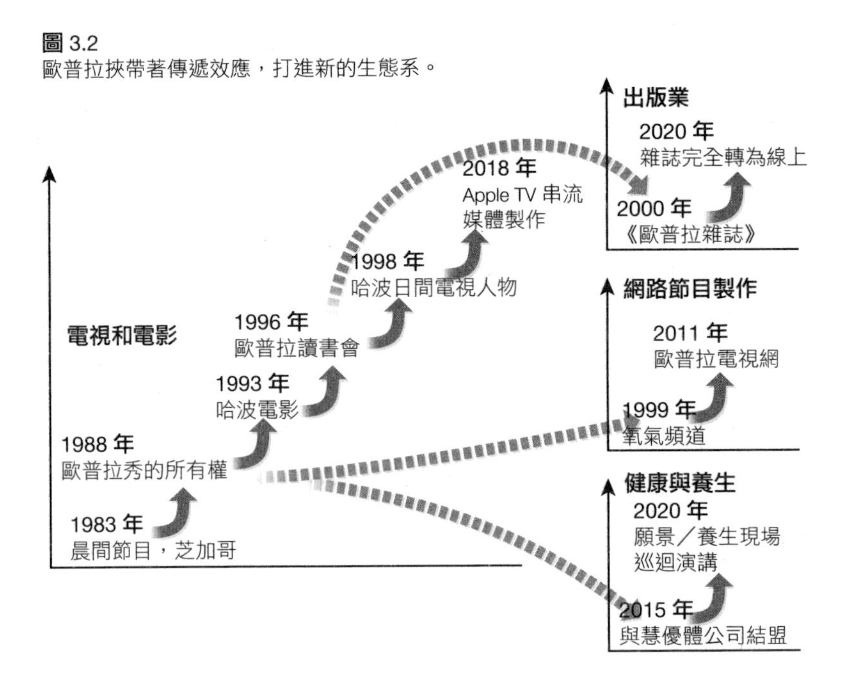

要進軍出版業。但這讓人們相信，歐普拉可以從電視廣播轉向印刷媒體，在這種情況下需要結盟新的合作夥伴。2000年，《歐普拉雜誌》（*The Oprah Magazine*，有時簡稱為O）首次亮相。美國出版業巨頭赫斯特集團（Hearst Corporation）曾為出版歐普拉雜誌而奮力爭取，透過承諾把她的品牌推廣到印刷世界，勝過競爭對手康泰納仕（Conde Nast）和美國線上時代華納（AOL, America Online）兩家公司。雖然出版業巨頭赫斯特掌握著傳統的專業知識，但歐普拉的信譽有一股令人尊敬、可持續的文化力量，足以讓赫斯特把編輯控制權交給這位新的合作夥伴。[34]例如，《歐普拉雜誌》的目錄是放在雜誌的第二頁，這可是產業規範的重大突破，因為讀者在尋找目錄時，一般來說，不得不先翻閱20頁的廣告才能看到。那些高度受關注的頁面是廣告商的重點，因此對於出版商來說也是如此。但歐普拉堅持「把讀者放在第一位」的政策，[35]所以在讀者知道她的雜誌有什麼內容之前，不會出現任何廣告，而她也如願以償。這是一個透過傳遞效應來調整的不同MVE。

這本雜誌成為歐普拉訊息的實體化身，是抱負和實用性的結合。以競爭激烈的雜誌市場來說，這個新進者的表現非常出色：成功的雜誌通常需要五年時間才能獲利。赫斯特初版首印100萬本，到第六期時，已有627頁的廣告。[36]第七期之後，《歐普拉雜誌》擁有200萬訂閱者，不僅獲利豐厚，而且是美國歷史上最成功的新雜誌。[37]在2020年完全數位化之前，這本紙本雜誌已經印行20年。

發行雜誌不是重點，那是新進者的工作。與合作夥伴一起發行雜誌，並讓合作夥伴接受你的條件，把你的能力發揮至最大，運用你從主力生態系中帶來的獨特資源，這才是重點。可以掌控編輯權，這能使雜誌和節目之間有更好、更直接的協調，像是共同的主題、對書籍和「最喜歡的東西」提出一致的推薦、像個人理財名人歐曼（Suze Orman）這樣的明星既是常客，也是雜誌定期的專欄作家。這就是用槓桿改變賽局的方式。

由二號傳遞作用打進網路節目製作

電視製作公司負責開發節目的智慧財產權，而網路媒體是這些節目的買家和頻道綁定的業者，包括為頻道打造品牌識別、向廣告商出售時段、每月按訂閱者數量收取一定的有線電視費用。網路是不同的賽局，具有一系列不同的挑戰。

這產業向來都是由叼著雪茄、獨攬大權的媒體大亨主導的，而不是面對鏡頭的電視名人。而歐普拉對這個新生態系進行兩次探險嘗試。第一次是她於1999年和別人合夥成立以女性為中心的氧氣頻道（Oxygen Network）。她以2,000萬美元的投資換取25%的股份，以及《歐普拉秀》劇集庫的版權，不過她後來對這個決定感到遺憾。[38]由於只有少數股權，其他合夥人對於節目的方向有自己的看法，歐普拉在內部的影響力比她預期的還要小。當氧氣頻道為擴大對年輕觀眾的吸引力，開始增加像《Girls Behaving Badly》這樣的真人實境節目時，逐漸偏離歐普拉的核心理念。「那個頻道沒有反映我的理念，」歐普拉說。[39] 2007年，這個頻道以9億美元的價格賣給全國廣播公司（NBC）。[40]

一年後，歐普拉再次涉足網路節目製作的領域，這一次她牢牢掌控局面。如同她與赫斯特的雜誌合作一樣，歐普拉與探索傳播（Discovery Communications）的協議讓她對自己的有線電視網路，即歐普拉網路（Oprah Winfrey Network，簡稱

OWN，譯注：英文OWN有「自己的」意思），才擁有完全的創意控制權。

OWN也經歷一番演變，再次說明即使是像歐普拉這樣的強者，也會跌倒。她對OWN的願景是「我認為我要帶來靈性意識覺醒的頻道！」，但是並沒有引起觀眾的共鳴。[41]儘管探索傳播最初向該網路投入2.5億美元，但一年後，收視率卻很慘淡。

為扭轉局面，歐普拉依賴與電視製作生態系的關係。2012年，她與熱門製作人派瑞（Tyler Perry）簽訂兩個獨家劇本系列的協議。佩里很高興參與其中，「你無法拒絕歐普拉啊！」[42]到2015年，OWN的廣告收入比去年同期增加一倍，而且在非裔美國女性中排行第一名，這是一個沒有得到充分服務的重要觀眾族群。[43]

由三號傳遞作用打進養生與健康產業

也許歐普拉生態系影響力的最高點，表現在她跨入養生與健康領域的時候。這是她多年來感興趣的領域，從她許多以健康為主的電視片段，以及她願意公開談論自己的體重問題就可以證明這一點，她不只談論健康，還進軍養生的生態系。2015年，歐普拉收購慧優體公司10%的股份，以及董事會的一個席位。

慧優體（Weight Watchers，譯注：即監控體重之意）的英文名稱顧名思義，花費半個世紀的時間，透過提供積分方式的膳食計畫和指導，幫助用戶減肥，但其品牌和經營成果正在逐漸衰退。然而，隨著歐普拉傳講全方位「養生」的訊息，慧優體即轉移重點，甚至改名為WW，對新的公司經營方向做出重大承諾。

促成這種轉變的不僅是歐普拉的名氣、投資和品牌大使的身分。這也是她獨特的傳遞效應，因為幾十年來，她在節目中與觀眾一起探索養生的議題。憑藉這段歷史和信譽，她能夠說服慧優體的管理高層，重新審視組織的核心使命。

慧優體執行長錢伯斯（Jim Chambers）在2015年表示，[44]「我們正在擴大使命，從只關注減肥延伸到更廣泛地幫助人們過上更健康、更快樂的生活。透過我們的談話，很明顯歐普拉的目的和我們的使命非常一致。我們相信，她在與人們交流和激勵人們發揮潛力方面擁有卓越的能力，這與我們強大的社群、傑出的教練和行之有效的方法，形成獨特的互補。」而繼任執行長葛羅斯曼（Mindy Grossman）繼續進行轉型，她在2018年告訴分析師：「健康才是王道！」[45]

沒有哪一個企業襲擊者、IG網紅或好萊塢代言人可以像她一樣刺激這種徹底的變革，若忽視歐普拉對這段關係帶來的傳遞效應，就是完全誤解她所處的賽局。

在與慧優體公司合作的過程中，歐普拉透過她的「歐普拉的2020年願景：聚焦你的人生」（Oprah's 2020 Vision: Your

Life in Focus）現場巡迴演講，進一步擴大她在養生生態系中的努力。每場現場活動平均有一萬五千人參加，其中包括女神卡卡和蒂娜．費（Tina Fey）等名人，以及「健康領域的權力領袖」，[46]演講專注於健康飲食和更大的「養生」主題，活動的門票從69.50美元到1,000美元的貴賓體驗價格不等。[47]當COVID-19疫情爆發，現場活動必須停止時，演講改成線上活動，成為串流媒體觀眾的希望之源，也是WW的潛在顧客來源。歐普拉說：「現在，保持健康和強壯前所未有的重要，讓我們一起重新調整自己、重新聚焦，弄清楚什麼才是真正最重要的事情。」[48]

傳遞和約束

生態系的傳遞涉及關係的綜效，即運用你在一個生態系中經營的關係，來幫助你在新生態系中建立一席之地，並運用在先前生態系的關係，把自己與標準的新進者／多元化者區分開來。在歐普拉跨入的每一個生態系中，她不僅資金雄厚、不只有名人的效應，還運用她與觀眾之間的信任關係，這是她在晨間電視節目的期間，花費多年時間來經營的。這使她能夠以其他原本不可能的方式，來與MVE的合作夥伴結盟。

然而，運用資源和關係可能使新進入者面臨其他方面的風險。如果一個生態系出現問題，問題可能會繼續影響到其他生態系。因此，必須謹慎進行資源和關係的傳遞。卡爾（David

Carr）在《紐約時報》的專欄中，對此做了最好的說明：

當你觀察歐普拉長達數十年的晨間談話節目時，其中大部分時間收視率都是第一名，你很容易對她為實現這個目標所做的努力印象深刻。但她節目可以播出這麼久和成功……可能更是與她沒有做的事情有關，因為她從未讓她的公司上市，這意味著她仍然掌控著自己公司的經營和命運……儘管她彈指一揮間，就可以讓書大賣，但她卻從未推銷自己的書……她的名字就是很有效的品牌，但她從來沒有讓自己的名字掛在任何商品上……她沒有把自己的名字授權給其他雜誌，而是按照自己的形象，創辦一本雜誌，並進行調整，直到它成為出版界的一大成功……她從不從事會損害她名聲的不光彩行為。[49]

傳遞若能應用正確，可讓創新者運用他們獨特的過去經歷，創造獨特的切入點。就像亞馬遜在早期把Prime使用者轉移到自家Alexa平台，然後擴展到家居產品之外一樣，這不光是向固定人群進行交叉銷售。這是在改變與合作夥伴的結盟結構和合作條件，而這種方式是僅憑用錢和行之有效的品牌所無法達到的。

亞薩合萊：現有公司的優勢

歐普拉以個人企業家之姿，展開她的生態系之旅，但在她重新定義界限時，名人的光環給予她極大的優勢。如果你是舊產業的現有工業公司，受制於保守的財務約束，你會怎麼辦？如果你的世界正在發生變化，但你無法像亞馬遜那樣主宰生態系，那該怎麼辦？你怎樣才能繼續推行生態系策略，往食物鏈上方移動，確保你有一席之地，並在新賽局中獲得新的發言權？

亞薩合萊成立於1994年，由瑞典的ASSA（成立於1881年）和芬蘭的ABLOY（成立於1907年）這兩家機械鎖和鑰匙製造商合併而成。[50]偏遠地區的低成本生產商讓現在的競爭壓力倍增，現在是數位技術取代機械能力的時代，我們對這種傳統世界老字號公司之間的聯姻會有什麼可能的期待？合理的預測是會有一番辛苦的掙扎：隨著競爭對手競相壓低成本，商品化向下沉淪的困境、成本壓力和利潤不斷下降。

然而，面對這些情況，亞薩合萊不僅改變自己和技術，還改變定義鎖具產業的根本界限，從而增加收入和利潤。雖然顛覆常常被描述為新創企業的領域，但亞薩合萊的道路完美說明開明的現有公司在積極參與推動變革時所擁有的優勢。如果你曾經使用過塑料卡片或手機來打開旅館的門，那麼你很可能使用過亞薩合萊的創新產品。

在1997年致股東的信中，執行長思文凱（Carl-Henric Svanberg）提出一個大膽的目標：「我們的願景是成為世界一流的鎖具公司。」[51]這是雄心壯志，但絕對是框框內的目標。

為此，亞薩合萊進行大舉收購，以擴大規模和全球據點，成為鎖具商品產業的一流整合者。

本書的重點正是這種願景的轉變。今天，亞薩合萊把自己描述為「門禁解決方案的全球領導者」。[52]這種從鎖具到門禁的轉變，不僅是行銷術語的更新；它顯示著深刻洞察力的影響，讓亞薩合萊從產業領導者，轉變為生態系的顛覆者。

洞察力：鑰匙不僅僅是鑰匙，也是一種身分象徵。

在機械鎖的世界中，鑰匙是一個形狀奇特的配件，它的鋸齒與筒狀鎖芯內的鎖簧對齊，然後這個機制讓門閂打開。但換個角度看，鑰匙是一種訊號，一種憑證，擁有鑰匙可確認你是「可信賴的人」。

這個機械奇蹟有明顯的限制，只能在鑰匙系統等級制度的約束下，給予進出的權限。這意味著你若不是發放一把高等級的總鑰匙，可能給予過多的進出權限；要不就是有好幾串鑰匙，而這些鑰匙分得亂七八糟。弄丟總鑰匙代表在這個範圍所有地方都不安全了，並且需要對所有受到影響的鎖重新配製鑰匙，這需要的成本非常高。想確保沒有非法拷貝的鑰匙，這純粹要靠信心，因為對安全人員來說，這是要安全人員吞下的痛苦藥丸。沒有人知道是誰實際進出；若沒有警衛，沒有辦法限制人什麼時候可以進入。

亞薩合萊智慧門禁願景背後的價值主張是，每個人都能獲得他們所需要的進出權限，不多也不少；無論是實體上的，還是時間上的進出權限。它的願景將不再由製造鎖具和鑰匙來定義，雖然機械鎖部分仍佔全球銷售額的26%。[53]公司的新價值結構被重新定義為創造、管理、監控、運用，甚至消除身分。一家老字號的公司是怎樣做到如此深刻的轉型？

亞薩合萊的第一階段：
MVE——更智慧的鑰匙可以用在更簡單便宜的鎖上

儘管電子門禁控制從1970年代以來就有了（想想電影場景，政府探員用門禁密碼和視網膜掃描進入密室），但這是一個由專業公司以高成本提供服務的利基市場，其中大部分是因為在門的鎖定機制中增添智慧功能會很複雜。

智慧門禁的大眾化，需要在技術進入市場的生態系方面有所創新。亞薩合萊邁出的第一步是2001年推出的CLIQ系統。與當時的其他門禁解決方案相比，CLIQ系統透過把智慧功能轉移到鑰匙的主體上，讓門上可以使用更笨拙（且更便宜）的鎖。這把新鑰匙有一個可用程式設計的晶片，可以記憶多組門禁密碼，還有一個電池供電，用來操作鎖具。每把鑰匙和每個鎖具都有各自的使用記錄，有了這個審查跟踪，萬一有東西不見，你需要知道誰在週一結束和週二開始這段期間，進去過實驗室。

雖然開發技術會創造機會，但把技術推向市場，才能創造財富。CLIQ的設計明確，讓傳遞效應從機械門禁生態系，轉移到電子門禁生態系。亞薩合萊與經銷商、總承包商、建築師和安全管理者的關係，都被移植到CLIQ進軍市場的路徑中。一個主要的調整是針對鎖匠，他們數百年的機械能力需要擴展，以安裝和維護軟體驅動的系統。亞薩合萊的MVE需要培養一小部分願意，並能夠擴展自己的技能基礎的鎖匠。這些鎖匠為了換取認證地位和業務潛客的承諾，投入於學習所需的新技能組合。在這裡，亞薩合萊把這些積極向上的鎖匠夥伴，轉變成新的身分：軟體服務提供商。

這是對這家現有公司優勢的第一眼觀察，雖然任何聰明的公司都能想出偉大的創新，但是讓保守的參與者調整他們的商業活動，在商業基礎上把價值引進市場，這往往是更大的挑戰（在創新方面，建築產業是保守主義的典型代表）。透過來自機械鎖世界的合作伙伴和關係，進入智慧門禁的世界，亞薩合萊能夠替接下來更大步驟，建立所需的立足點（圖3.3）。

亞薩合萊的第二階段：把門和門連接起來，打造智慧網路

CLIQ使單獨的鑰匙和鎖具變得智慧，但它沒有在網路的層面上把這種智慧功能聚集起來。要做到這一點，需要橫跨存取點，讓資料連結起來，這就需要與生態系中的新參與者互動，也就是控制系統的原始設備製造商（OEM），以及設計和安裝完整系統所需的控制器、軟體、門、鎖具和鑰匙等系統整合商。雖然亞薩合萊是鎖具和鑰匙產業池中最大條的

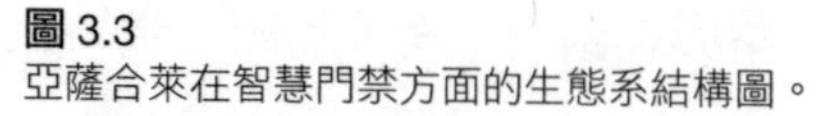

圖 3.3
亞薩合萊在智慧門禁方面的生態系結構圖。

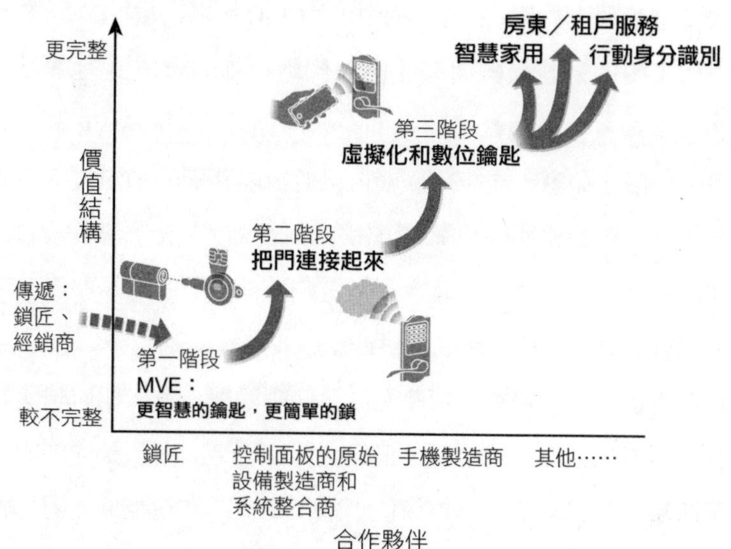

魚，但這是一個小池塘。像是Honeywell、江森自控（Johnson Controls）、聯合技術公司（United Technologies Corporation），這些原始裝置製造商是在更大的海洋中更大的魚，所以對他們來說，2001年時，亞薩合萊是一家可靠的商品配件生產商，是他們所交涉數百家公司中的一家公司，並沒有塑造未來的特別權力。亞薩合萊是如何在談判桌上獲得一席之地的呢？

亞薩合萊首次嘗試網路連線化的門，所以在2004年推出Hi-O系統，依靠控制器區域網路（Controller Area Network Bus，簡稱CANbus）這種開放式技術標準，簡化安裝，並協調所有整合商提供的資訊。理論上是出色的解決方案，在商業上卻是失敗的。系統整合商對自家的封閉系統非常滿意，還真是謝謝你喔！從他們的角度來看，沒有可信服的理由去接受開放式標準，或讓亞薩合萊升格為生態系的領導者。雖然Hi-O系統仍然是亞薩合萊的內部解決方案，但這在生態系上是失敗的。

2008年，亞薩合萊再次推出一個更溫和、更具說服力的解決方案。Aperio系統使機械鎖能夠無線連接，與一百多種不同的安全系統相容，並且設計為容易整合至系統整合商的現有通訊協定。它與Hi-O系統不同的是，沒有簡化安裝，而是把這些選擇權留給系統整合商（更溫和），但它確實在網路方面實現自動化協調，透過即時通訊和監測門的狀態，實現更大程度的控制和安全（非常具說服力）。這個時機再好不過，因為無線技術的趨勢有助於推動Aperio系統的採用。亞薩合萊終於坐穩一席之地，不再是普通配件的製造商，而是業界裡真正的解決方案供應商和合作夥伴。

亞薩合萊的第三階段：虛擬化和消失的鑰匙

如果一把鑰匙就是一個身分，身分現在以數位方式儲存，而個人的數位裝置隨處可見……為什麼你還需要在口袋裡放一塊鐵片？這一連串的邏輯導致2012年SEOS認證平台的問世。你的身分不再是用實體形式來表現特別的密碼（無論密碼是實體鑰匙上的金屬齒紋，還是智慧卡上的數位序列開門訊號），你的身分現在可以存在你自己的數位裝置中，而且可以無線管理，這首開先例可以在沒有實體交接的情況下，給予門禁權限。這是一種加密技術，讓飯店客人可以在不用與櫃台人員互動的情況下，只要使用手機辦理入住手續、領取鑰匙，然後進入房間。

透過與手機的近距離無線通訊（near field communication，簡稱NFC）或藍牙系統的整合，亞薩合萊讓其他參與者授權SEOS平台，包括科技巨頭Google和蘋果。時任亞薩合萊門禁和出入硬體總裁胡達（Martin Huddart）說：「未來都是使用手機，能夠看到一切的情況，並控制一切的情況。」[54]例如，截至2019年，克萊門森大學（Clemson University）的學生可以使用支援SEOS的Android裝置、iPhone或Apple Watch進入宿舍、從圖書館借書或在自助餐廳購買餐點。[55] SEOS擴大其價值主張，為亞薩合萊提供一個平台，現在在平台上門禁和支付是密不可分的。你的數位身分讓你進入餐廳的大門，也可以讓你吃午飯。

想想看要實現這個目標所需的相互作用，生態系必須擴展到傳統系統整合商之外，現在包括更廣泛的參與者和更深層次的IT整合（進入訂位系統、支付等）。雖然SEOS是一個功能強大的願景，能否實現取決於採用Aperio系統後，所獲得的信譽和市場足跡。由於第二階段奠定基礎，第三階段的成功機率倍增：階段性擴張的順序很重要。

下一階段的計畫：從門鎖到人命

在企業領域內成功蛻變的創新，使亞薩合萊取得實現其願景的地位，這在25年前似乎是不可能實現的。

今天，亞薩合萊正從多個新方向追求智慧門禁，它在DIY智慧家居生態系中佔有一席之地，預計到2025年，智慧鎖的市場將達到34億美元。[56]憑藉其Accentra技術平台，它可以在公寓大樓和較小的辦公室等環境中實現更實惠、但仍然複雜的智慧門禁。Airbnb房東可以遠端向臨時房客發放鑰匙，這些鑰匙在預訂入住時間開始時出現，並在入住時間結束時消失，而無需擔心房客要續住或鑰匙備份的問題。而且旗下的HID goID平台運用SEOS技術，使政府能夠發放和管理官方數位身分憑證，例如駕駛執照、旅行簽證和福利資格，這些憑證可以直接傳送到行動裝置上。

亞馬遜這樣的生態系顛覆者在推動智慧家居的過程中，會擠掉亞薩合萊嗎？由於Google和蘋果控制手機和行動作業系統，會不會在數位身分認證方面發揮巨頭的作用，使亞薩合萊成為價值反轉的受害者？答案是：當然有可能。然而，當我們思考這種競爭時，我們最好仔細研究一下生態系的結構。進出單獨門的細分市場，例如私人住家，這會有一個協調方面的挑戰。而門禁規則更複雜的細分市場，像是控制誰可以進入哪棟大樓和房間，需要先進的整合條件，例如與校園安全和緊急服務網路的連線，此時的協調挑戰又會不同。這讓我們回到生態系防禦的問題，以及價值結構如何替有效防禦應變，提供線索。當B2B網路是價值結構的一部分時，關係更難建立，要防禦比較容易。正如我們在第二章中看到的，雖然排除來自巨頭的競爭向來是錯的，但是認為不能打敗巨頭，或者至少不能攔阻巨頭也是錯的。

開明的現有公司

今天的智慧門禁決定我們能否進入學校、家庭、公寓、或取得藥櫃內的物品。但是數位身分的功能超越我們進出空間的能力，它改變和簡化許多不同環境中的選項，從辦公室的服務到圖書館的借書，再到咖啡店的付款。亞薩合萊對創新的不斷推動已擴展到數位駕照和護照，所以這家金屬鑰匙製造商現在從事純粹的身分識別業務。

這就是我所說的開明現有公司的意思：亞薩合萊有遠見，發現身分數位化是未來的趨勢，並且自己也有聲譽和合作關係，可以對未來做出可靠的市場聲明。它保持在傳統鎖具市場的主導地位，同時推動組織內部和市場外部的數位化轉型。

在大眾的想像中，不受羈絆的大學輟學生在車庫裡精彩地發明新一代的突破產品，這樣的形像在大眾的想像中仍然很鮮明。但亞薩合萊證明，與缺乏關係綜效的稚嫩新創公司相比，現有公司具有強大的優勢。它的規模意味著它好比是一艘大船，因為太大，無法在不翻船的情況下，從機械轉向數位。但正是它的規模、歷史和聲譽使該公司能夠從機械鎖的世界，把關鍵、但非常保守的合作夥伴引進到數位鎖的世界；若不是這些合作夥伴，亞薩合萊的技術努力就少了重要的途徑來擴展規模。正是這種關係上的優勢，使現有公司在生態系環境中比初創企業更有優勢，因為在生態系環境中，需要在新參與者和老字號參與者雙邊都推動新的結盟；如果沒有這種結盟，創新的夢想注定只能是策略願景，而不能成為市場的實景。

這突顯傳統顛覆和生態系顛覆之間的另一個區別。在傳統顛覆理論中，既有顧客最初拒絕較差、但堪用的產品，因此對現有公司帶來負擔，對他們來說，把資源分配給顛覆性產品，意味著違背他們對最佳顧客的需求回應，這就是克里斯汀生在《創新的兩難》一書中，所謂兩難困境的根源。[57]相比之下，既有顧客關係是引入生態系顛覆的資產，因為它們為信譽和生態系的傳遞打開大門。

在生態系顛覆的世界中，開明的現有公司有可能處於非常有利的情況，因為生態系的傳遞取決於已經在某些最初的生態系中獲得成功。但是，這也取決於是否願意把這些資產和關係大規模部署到新的生態系中。那麼問題是，現有公司是否有能力實現這種潛力。

當公司遵循流行的指導方針，孤立新的成長計畫，以保護他們免受主要組織的政治和壓力時，他們就很難凝聚起主要組織所需的承諾來創造傳遞。這是一個普遍存在的錯誤，剝奪現有公司最寶貴的優勢，反而讓他們成為受阻的創投業者，受限於不太靈活的資本，只能投資於靠自己創造的機會，難怪他們經常無法實現目標。當我們在第六章研究微軟轉向雲端的過渡期時，會看到意願投入的轉變能有多大的影響。

企業策略的生態系視角

亞馬遜的Alexa語音助理、歐普拉和亞薩合萊，這些參與者的規模、權力、資源和限制都非常不同。他們的共同點不光是成功，而是他們的成功是透過重新劃定界限，以新方式與合作夥伴協調而來的。他們各自都破壞生態系的結構，但總是透過符合建立生態系的三個原則來行動：MVE、階段性擴張和生態系的傳遞。這些是合作夥伴結盟的關鍵，也是把滿懷抱負的願景轉化為連貫、協調、合作的實況情況。

這三個案例中說明的策略提供一種新方法，讓人進軍新市場，並從而改變這些市場。這些策略為追求成長，提供更廣泛的經驗。企業策略的關鍵在於多角化問題，像是公司應該擴展新的業務到哪個方面，以及用什麼方法。成功的多角化向來被視為源自於兩種綜效：**第一個是核心能力的供給方邏輯**，認為成功的多角化是透過把公司能力擴展到新環境來實現的。一種能力可以部署在兩個市場上，想想本田汽車用賣給汽車和摩托車的引擎技術，進軍船用舷外引擎市場，或是佳能使用其光學能力，替攝影、醫學影像，再到半導體製造等產業服務。**第二個是顧客綜效的需求方邏輯**，源自於向現有顧客交叉銷售產品的能力，可以同時銷售兩種不同的東西給同一個顧客，這比做兩次單獨銷售的工作更有效率，例如沃爾瑪在向同一個消費者推銷傳統紡織品的同時，也推銷食品雜貨。

當一個典型的多角化企業進入一個產業時，它會透過帶來更低的成本或更高的品質與現有公司競爭。然而，即使我們把自己限制在只考慮最成功的傳統多角化公司，如3M、康寧、西門子、索尼，我們也會看到他們傾向在既有的界限內競爭，運用他們的資源複製既有的價值結構，也就是讓產業維持現狀。例如，索尼運用電子產品的技術實力和零售管道優勢進入遊戲機市場，他們在這方面非常成功。但是，儘管索尼以高階圖形和硬體提升技術領域，但該公司並沒有改變價值主張的本質、競爭的基礎或產業的界限。傳統的多角化公司爭奪市佔率、創造利潤，並提高產業框框內的競爭力；但產業的框框本身卻沒有改變。

生態系攻擊的顯著特徵，是透過引入新的價值結構，而不是複製既有的模式突破產業框框的圍牆。生態系攻擊開創新的消費可能性，因為它們淘汰對舊東西的需求。除了供需的綜效之外，這些公司正在創新一種新方法，透過生態系的傳遞實現「關係的綜效」。[58]他們運用源自一個框框的特定關係，並把他們帶到另一個框框，運用合作夥伴的資產和能力，同時展開他們的MVE，並模糊不同產業之間的界限。他們首先與早期的合作夥伴重新協調，然後才開始轉變與終端顧客的關係。

競爭與政策

打破產業的界限對立法者和主管機關也很重要。具有競爭性的策略和反壟斷策略密切相關，一個試圖創造和保護盈利能力（通常貼上「可持續競爭優勢」的標籤），另一個試圖保護社會福利免受與壟斷相關的無謂損失。事實上，策略師產業分析的傳統主力因素，像是議價能力、競爭強度、打進市場的難易程度，都是直接反轉監管者對壟斷力量的傳統測試。

隨著競爭的場所已經從界限相對明確的傳統產業（例如，新聞、手機、汽車）擴展到界限不斷變化的更廣泛生態系（例如，擴大到社群媒體、行動裝置的平台、交通）。產業的舊規則仍然適用，但並非沒有修改。對於那些關注政策層面競爭的人來說，本章觀點的直接含義是對於核心概念，諸如市場力量，以及縱向和橫向關係等，需要重新審視，並可能重新分析。

當企業策略以增強價值結構的理念為方針時，我們可以看到公司進入市場的範圍，在事前看起來是不相關的範圍，而在事後來看卻明顯相關。但是當這種關聯變得明顯時，人們對兩者價值主張的期望已經發生變化。亞馬遜把語音助理和音箱連接起來的方法，就是完美的例證。事實上，亞馬遜整體來說，就是這種方法的典範。正如我們在第二章中看到的，防禦這種進攻市場方式並不是不可能的，但需要防禦者迎戰新的賽局。

檢視收購

當生態系的傳遞造成顛覆時，合作夥伴的選擇和協調就成為擴張策略的關鍵元素。對於企業的策略師來說，建立、收購或結盟的傳統手段仍然存在，但在應用時必須牢記更廣泛的價值結構，而不是專注於產業。例如，除了為打進市場和擴大規模而進行的收購之外，我們還應該為結構優勢制定收購計畫，不僅評估收購對收入和成本效率的貢獻，還要評估收購對潛在MVE和生態系協調的貢獻。明智的策略師會明白，為此目的的收購必須（1）使用不同的衡量標準進行評估，要牢記目的是吸引合作夥伴，而不是立即增加收入；（2）與階段性擴張計畫一起評估，建立更廣泛的價值結構。

假裝擁有完美的遠見是沒有價值的。所有計畫和策略的細節都會隨著現實而變化。但是，有了策略就可以創造結構，應對我們在世界上取得進展時出現的新機會和挑戰。這就是艾森豪著名格言的核心：「計畫無用，但做計畫卻重要無比。」價值主張和結構可以改變，我們建立的順序也可以改變。然而，積極導航和盲目搜尋之間的區別在於，有一個指南針來引導我們朝著成果豐碩的方向努力。

生態系進攻遵循一套明確的原則，重新定義攻擊的性質。就像生態系防禦一樣，進攻也取決於聯盟的行動，因此需要一隻眼睛盯著獎品，一隻眼睛盯著合作夥伴。因為無論是進攻還是防守，你的行動都需要與他人協調和合作，重要的不只是如何出手，還有什麼時候出手，選擇合適的行動時機是我們下一章的重點。

第四章

顛覆生態系的時機：太早可能比太晚更糟糕

人們想買的不是1/4英寸的鑽孔機，而是想要1/4英寸的孔。
——哈佛行銷學教授李維特（Theodore Levitt）

沒有鑽頭，電鑽就只能當作紙鎮。
——艾德納的推論

如果你是第一個到達起跑線，然後等待開賽訊號的旗幟，你就贏錯比賽。由於某些巨頭花費很長時間才發現顛覆的現實，引發大眾過度議論，所以頂尖公司最大的擔憂是怕自己動作太慢，錯過革命。這麼做是明智的，但他們應該也要同樣擔憂自己動作太快，在革命真正開始之前，就已耗盡自己的資源。[1]

在生態系的世界中，提前通常意味著在真正的比賽開始之前，等待其他元素和合作夥伴到位。對於防禦者來說，問題在於何時積極參與新的主張，也就是何時將資源轉移到尚未得到證實的產品上，並減少投資一直以來的盈利核心。過早反應，意味著損失利潤；反應太遲，意味著失去地位。對於攻擊者來說，等待的挫折感被放大了，因為舊體制繼續沿著其原本的軌道逐步改良。潛在的顛覆者被困在起跑線上，而終點線卻愈來愈遠。

對於攻擊者和防禦者來說，避免無關緊要的事，需要知道的，不光是顛覆是否會發生，還要了解何時發生，必然性不應該與即刻性混為一談。

1986年，飛利浦制定一項大膽的計畫，帶來高解析度電視（HDTV）的革命，在以前電視的畫面顆粒感十足，所以這是一種視覺傳播的奇蹟。當時的主席蒂默（Jan Timmer）把高解析度電視描述為「自彩色電視之後，最棒的東西……它有可能主宰二十一世紀。」飛利浦的早期消費者研究支持這些期望，94%的受訪者對該產品充滿興趣。兩年後，飛利浦實現承諾，開發出突破性技術，使電視具有更寬的畫面比例、更好的解析度和更亮的顯示效果。

但是，要等到高解析度攝影機（技術）、新的廣播標準（規則和法規），以及更新的製作和後期製作流程（程序）也可以商業化運用，並實際用於製作和傳送內容之前，高解析度電視將無法獲得市場青睞。在整個生態系準備就緒之前，高解析度電視所承諾的技術革命注定會被延遲，無論它有多大的潛力能帶來更好的觀看體驗。

飛利浦對顧客喜好的洞察力是正確的，但是在錯誤的時間（比系統的其他部分最終整合的時間早了20年）出現在正確的地方（高解析度電視控制台），這導致25億美元的帳面損失，幾乎使公司破產。更糟糕的是，當高解析度電視最終問世時，市場已經轉向數位標準，使飛利浦的大部分創新若不是過時，就是已經失去專利。飛利浦的高階主管們就是因為太有信心了，認為他們能用舊的電視技術，贏得這場正面交鋒的賽局，所以孤注一擲，但顯然他們贏錯了比賽。

實現高解析度電視所需的生態系變化並不是什麼祕密，如果飛利浦的高階主管這麼聰明，能夠開發核心技術，我們可以肯定他們也非常精明，能夠知道出現的挑戰。然而，從他們的行為來看，我們也可以肯定，他們沒有足夠認真地對待這些挑戰。對他們的生態系採取明確、結構化的方法，將有助於消除隱藏這些「**未知的已知**」的盲點，因為這些因素顯而易見，但其影響和意義一直被忽視，直到事後才恍然大悟。

那麼，我們怎樣才能做得更好呢？

在本章中，我們提出一個框架，以理解生態系顛覆的時間，然後考慮在框架中辨識出的不同情況下，會有意義的各類行動。這將幫助我們更能預測過渡期的時間，為了優先考慮威脅和機會，制定出更連貫的策略，並最終更明智的決定何時何地來分配資源。

你在進行什麼競賽？

在大多數創新競賽中，早期的重點絕大部分是技術。然而，正如我們將看到的，在更大的價值創造拼圖難題中，解決技術限制只是其中一塊拚圖。成功意味著在正確的時間、正確的地點，放上正確的拚圖。

我們在第一章把生態系的定義緊緊固定在價值主張中，是有原因的：這樣避免讓你落入陷阱，只考慮你的公司，或只考慮你的技術。要了解顛覆的時機，我們必須考慮的有：阻礙攻擊者能力的力量，使其無法快速發展，無法提供新的價值主張；擴大防禦者的領先優勢和提升舊價值主張的因素；以及兩方條件之間的相互作用。

自動駕駛汽車發展的傳奇故事現在還在進行中，可證明時機顛覆是項挑戰。自動駕駛汽車不僅是特斯拉創辦人馬斯克這位追逐風險者的現代夢想，也是汽車產業其他所有參與者的夢想，包括通用汽車、福特、福斯汽車等老牌公司，Cruise和Argo AI等新創公司（已獲得老牌公司投資的數十億美元），以及Google旗下的Waymo，還有蘋果、英特爾、優步、騰訊和百度等非傳統競爭對手。

自動駕駛汽車之所以引起如此巨大的關注，是因為它們不僅顛覆車輛控制技術，也顛覆一個世紀以來推動汽車產業的基本價值主張。它們將最終目標從「邊開車邊享受沿路風景」，轉變為「在運輸過程中不用去看路」，這顯然不是框框內部的顛覆。

預測者預測，到2050年自動駕駛汽車將成為一個價值7兆美元的產業。然而，對於今天的公司來說，問題是從現在到那時該怎麼做。在風險如此之大的情況下，我們應該如何考慮顛覆的時機？在考慮如何回答此類關鍵問題時，我們將在本章的不同時間點，研究自動駕駛汽車案例的不同面向。與往常一樣，雖然討論以特定背景為基礎，但價值將取決於你自己運用的情況。

自動駕駛汽車的前十年主要工作在於技術問題，像是什麼樣的攝影機、聲納、雷達和雷射感測器的組合最能讓汽車「看到」道路；車內與雲端之間應進行多少運算和資料處理；哪些機器學習方法最適合把原始資料轉換為有用資訊。專注於定義自動駕駛汽車的關鍵技術設計是有道理的，因為成功取決於提供比舊技術更好的新技術解決方案。為評估這種可能性，投資者和高階主管傾向於深入研究新技術的細節：還需要多少開發工作才能實現性能的優勢？生產的經濟情況是怎樣的？在價格上是否具有競爭力？

圖4.1描繪典型的方法（canonical approach），比較技術替代方案長期下來的性能發展過程，並尋求確定交叉點（A點），新技術在這一點超越舊技術的性能，然後領先優勢愈來愈拉開，並佔領市場。

圖 4.1
傳統的創新競賽以新舊技術的相對性能發展過程為特徵，
此時市場顛覆發生在 A 點。

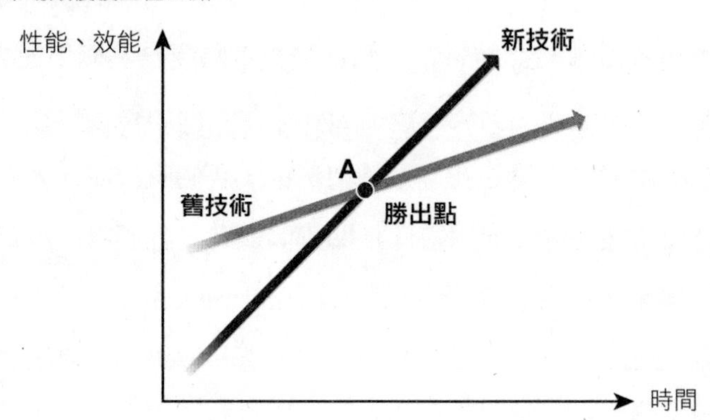

即使在這個簡單的描述中，也有很多東西需要考慮：新技術的相對起點，它描述新進者需要克服的相對性能缺陷（幾何思維中的y軸截距）；新舊技術發展過程之間的相對改進率（斜率）；以及沿著發展過程改良所需的努力和資源投入。

然而，雖然關注技術有助於解決技術挑戰，但它會使我們忽視價值創造（和破壞，正如我們在柯達案例中看到的那樣）的更廣泛動態關係。每項創新都嵌入到生態系中，以促進生態系中的價值創造：新電視需要電力才能運作；新藥需要消毒設備來生產；新書需要經銷的管道。當新的創新「插入」現有系統，而不需要系統調整時，我們可以忽略這些依賴關係，因為這時我們可以使用與舊系統相同的電力基礎設施、消毒技術和配銷管道，而無需擔心合作創新、合作夥伴的協調或生態系的動態。在這種情況下，關注技術及其相對性能水準是一個很好的指導方巾，這是傳統方法的優點。但正如我們在書中看到的，當創新創造新的價值形式，並尋求重新定義界限和結構時，我們就離開宛如隨插即用、能夠自動組態配置的世界中，而著重「框框內部」技術，則會是挫敗和財政赤字、虧損的問題根源。正如我們需要不同的方法，來建立價值和結構，我們也需要不同的方法來保握時機。

生態系的準備情況：新價值主張出現的挑戰

從價值主張的角度思考，這需要我們退後一步，在我們所處的生態系層面上思考問題，而不是「只」思考我們的產品、公司、技術或產業層面。

在生態系內進行創新，意味著了解需要多種元素協調一致。就算特定技術已準備就緒，也無法抵消當其他部分尚未到位時所產生的瓶頸。這意味著，除了管理自己的執行情況之外，你還需要發現在你的生態系中其他地方出現的挑戰。圖4.2是這個思考過程的一個有用的圖示。縱軸不再是「性能」，而是「價值創造」。相關的發展過程不再是狹隘的「技術」，而是全方位的「價值主張」。從這個角度來看，你可以清楚地了解，沿著自己的技術發展過程前進的能力與整體價值主張的進展之間的差異。即使你已經準備好你的那塊拼圖，其他元素若出現挑戰，也可能導致價值創造的延遲（新價值主張軌跡往

圖 4.2
以相對價值創造為特徵，來看生態系出現挑戰的新價值主張（黑色實線）與舊價值主張（灰色實線）兩者之間的競爭。相對於純技術案例（黑色虛線），市場顛覆的時間從 A 點延遲到 B 點。

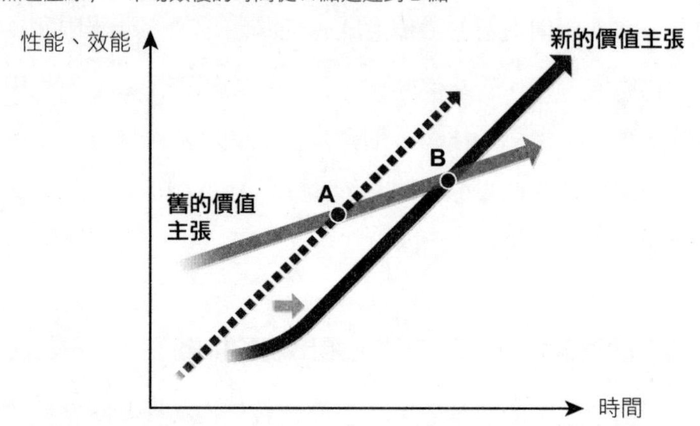

右移），從而導致勝出的交叉點（B點）延遲。

考慮新出現的挑戰，這需要我們考慮創造生態系所需的更廣泛元素。就自動駕駛汽車而言，很多注意力都集中在開發基礎技術，例如硬體感測器、處理技術和軟體演算法。但我猜想，以後我們回顧這些工程奇蹟會覺得這些是簡單的部分，讓自動駕駛停滯不前的，是非關技術的聯合創新挑戰，這跟解決技術障礙的關係不大，而是與社會、基礎設施和監管障礙更有關係。

想想看自動駕駛汽車的保險問題。傳統上，車禍的刑事責任完全由肇事的駕駛承擔，而民事責任則由車主承擔（法律規定車主購買汽車保險）。但真正的自動駕駛汽車，顧名思義，沒有駕駛。自動駕駛汽車的演算法控制著每一個決定：如果你只是發生事故的自動駕駛汽車裡的乘客，或者是遵循原廠公司指令集的硬體所有者，責任應如何歸屬？是汽車製造商的責任？還是設計內部軟體的公司？如何評估責任的大小，不管錯在哪一方，怎麼為保險定價？

想想看這樣的道德兩難，在汽車必須撞上某物的情況下，如何從兩個都不好的選項中，選擇情況較輕微的後果。幾個世紀以來，人們一直在抽象地討論這個問題，但要開放自動駕駛，汽車製造商就必須做出具體的決定，把選擇植入程式設計中，以社會可接受的方式進行，並得到司法系統等社會機構的支持。

最後，想想看人類駕駛常常違規開車，像是超速駕駛；因為前面出現併排停車的車輛，不得已開到對面車道，才能繞過去；為接送乘客，擋到消防栓或車道，這些都是司空見慣的事情，而且都明顯違反交通法規。駕駛可以自行把自動巡航設定在速限之上，並冒著被罰款的風險，但汽車製造商給汽車的程式設計不能明顯違法。然而，如果沒有人類駕駛這樣的「靈活性」，自動駕駛汽車在市中心街道接人時，如果程式設計又必須排除併排停車的情形，就需要設置新的汽車停靠區。你是否曾讓Uber司機送你去機場，並超速行駛？那樣的服務水準有多令人滿意？擁護者認為，自動駕駛汽車在更高的速度下比人類駕駛安全得多，即使這樣的觀點是正確的，但要讓價值體現出來，就需要為自動駕駛汽車設定不同於道路上所有其他車輛的速限。

創新道路規則是體現自動駕駛價值主張的必要條件。這有可能嗎？有可能。這是簡單的監管或立法限制解除嗎？絕對不是。然而，解決這些問題將是開放自動駕駛汽車價值主張的關鍵。如果在限制尚未解除的過渡期間，自動駕駛汽車必須遵守法律規定，那麼廣大的消費者是否願意購買不能離開慢車道的汽車？

讓製造商、監管機構、保險公司、政治人物、公民社會的代表等相關各方，支持統一的解決方案，來處理非技術的挑戰，這會比解決工程挑戰更艱難。解決這些問題是一個關鍵的障礙，它與技術無關，但與成功息息相關。

了解新主張的出現挑戰，突顯考量全盤協調的必要性。從一方面來說，我們必須仔細考慮合作創新必備要件的影響，包括在技術和非技術方面。還需要創造什麼來支持我們的目標價值主張？誰會來創造它？而且，除了創新的創造之外，我們還必須考慮採用的問題：還有誰需要選擇接受這些變化，才能真正實現價值主張？[2]

對於尋求建立新價值結構的自動駕駛汽車或任何新的主張，解決這些合作創新和採用鏈問題的時間愈長，取代現有公司所需的時間也就愈長。因為顛覆所需的時間和性能水準都增加，原本10公里的長跑時間被拖得更長。

舊價值主張的生態系擴展機會

雖然新的價值主張可能因需要協調生態系而受到阻礙，但舊的價值主張，它的商業成功告訴我們其生態系已經到位，可以透過增強其價值結構來加速發展，而這是可以獨立於核心參與者或核心技術來產生。例如，儘管條碼背後的基本技術幾十年來沒有改變，但隨著支持它們的IT基礎設施允許提取和運用更多的資訊，條碼的效用每年都在提高。因此，在1980年代，條碼讓價格自動掃描到收銀機中；在1990年代，彙總每天或每週交易的條碼資料，能夠洞悉大致的庫存狀況；在2000年代，條碼資料可用於更積極的庫存管理和供應鏈補貨。隨著QR Code（二維碼）的問世，結合改進的IT基礎設施，核心舊技術的效用得到指數級的擴展。

舊價值主張競爭力的提高，見圖4.3中舊價值主張發展過程的向上移動，把新價值主張的勝出點愈推愈高（C點）。這些轉變可以源自於舊技術本身的改進、更廣泛生態系的改進；或改進是來自於為實現新價值主張而開發的創新，並使舊的價值主張也受益。就自動駕駛汽車而言，實現全自動體驗的技術旅程中，許多步驟都會產生「溢回效應」，從而提高人類駕駛車輛的競爭力。[3]感測器和控制系統的進步提供盲點監控、車道偏離警告、緊急煞車和主動式巡航控制（adaptive cruise control）等功能。這每一項創新都提高擊敗舊主張所需的門

圖 4.3
沒有出現挑戰的新價值主張（黑色實線）與受益於擴展機會的舊價值主張（灰色實線）之間的競爭。相對於沒有擴展機會的情況（灰色虛線），市場顛覆的時間從 A 點延遲到 C 點。

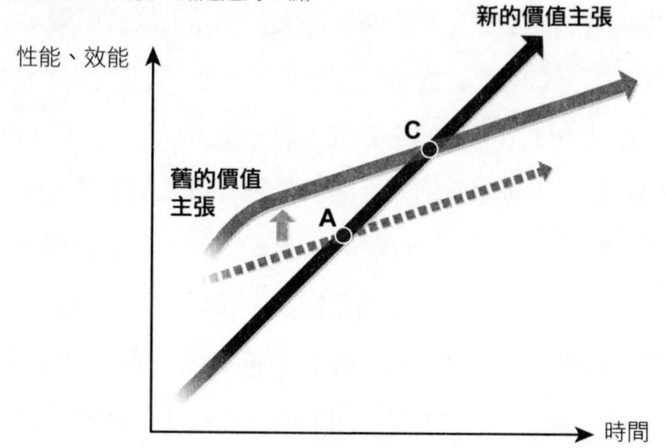

檻，並在此過程中延遲顛覆的時間，10公里的長跑變成半程馬拉松。

延遲的開始 × 移動的目標＝滾動的時域（receding horizon）

當這兩個因素都在發揮作用時，新價值主張的崛起受到生態系出現延遲的阻礙，舊價值主張的發展過程因生態系擴展而增強，從價值創造（而不是性能）的角度思考就變得更加重要。用關注技術的眼光來預測顛覆的時間，會導致嚴重的預期錯誤。當我們專注於技術之間的競賽，而沒有察覺生態系之間的競賽時，我們最終會得到蓋茲的觀察心得：「人們經常高估未來兩年會發生的事情，而低估十年後會發生的事情。」[4]

這意味著，即使我們百分之百相信新的價值主張會獲勝，我們也面臨這樣的風險：在「如果」的判斷是正確的，但在「何時」的判斷是錯誤的，這樣的代價可能非常高。那些推動新技術的人感受到痛苦，他們過早地投入，因而消耗資源（例如飛利浦的類比高解析度電視），那些使用舊技術的人也感受到這種痛苦，他們過早地減少投資，並太早放棄現有的地位。目前從第四代到第五代無線網路（4G到5G）的過渡期恰好就在電信產業內造成這種緊張局勢，公司對下一代技術進行大舉投資，可能會削弱他們在現有技術中的地位。事實上，我們在2000年代初期從2G到3G的過渡期中，看到同樣的動態。[5]

延遲和移動的目標兩者相互影響，把時間和性能的門檻推高到新的水準（圖4.4中的D點）。這就是半程馬拉松在崎嶇的地形上成為真正馬拉松的情況，而沒有準備的人就慘了。

生態系出現和擴展的發展過程也會隨著外部衝擊而發生變化，例如在美國，COVID-19大流行促使醫療保險公司改變對患者遠端醫療就診的報銷制度，這讓以前猶豫不決的醫療機構有理由接受該技術，並促使新價值主張的採用率急速地提高。製造業回流，同樣有望加速新工廠採用智慧自動化技術。同樣的，舊價值主張的擴展機會也會因監管政策或生產需求的轉變，而大幅減少或擴大。在所有情況下，當我們觀察更廣泛的生態系動態時，制定顛覆時機的策略就有更穩固的基礎。

圖 4.4
阻礙新價值主張的新興挑戰與舊價值主張的擴展機會相互影響，從而顯著延遲顛覆時間和從 A 點到 D 點顛覆所需的性能水準。

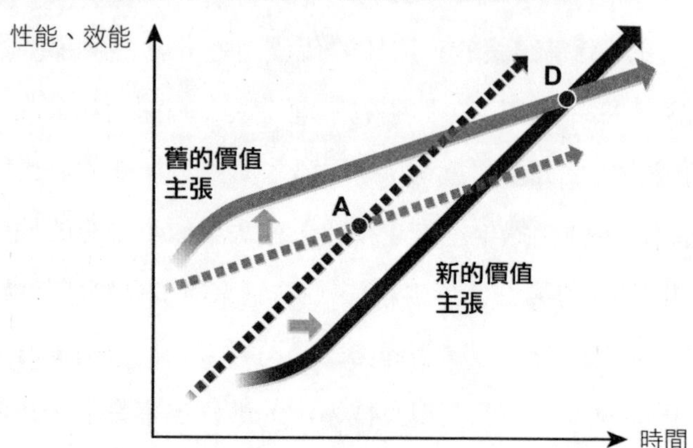

判斷生態系競賽的框架

在明確了解生態系是否準備好迎接新的價值主張，以及舊主張是否有擴展的機會後，我們現在準備好觀察生態系的相互作用，判斷生態系競賽。我們將首先發展出一個框架，然後在接下來的章節中加以應用。

從生態系競賽而非技術競賽的角度看世界，有助於我們明白時機這個關鍵的驅動因素。對於新的價值主張，關鍵因素是整體生態系的開發速度有多快，讓使用者明白新技術的潛力。以雲端的應用程式和儲存為例，成功不僅取決於弄清楚如何管理伺服器農場中的資料，還取決於確保寬頻和線上安全等關鍵配套有令人滿意的性能。對於舊的價值主張，重要的是如何透過改善既有的生態系提高競爭力。就桌上型電腦系統（雲端應用程式試圖取代的主張）而言，擴展機會向來包括更快的介面和更好的元件。

這些力量之間的相互作用產生表4.1所顯示的四種可能情況：市場顛覆、穩健共存、復原力的假象和延長的現狀。

市場顛覆（象限一）。當生態系對新價值主張的準備程度很高（我們處於隨插即用的世界），而舊價值主張的擴展機會很低（我們有一個靜態的現有公司）時，生態系動態不會發揮作用，重要的只是相對的技術位置。新的主張有望立即取得市場主導地位（對應於圖4.4中的A點），它創造價值的能力不會受到生態系其他地方的瓶頸所阻礙，而舊的價值主張在應對威脅方面的改進潛力有限。兩邊都沒有生態系的動態，這使得這個象限最符合正面競爭和框框內部的顛覆。正是在這裡，我們可以看到快速的顛覆，它喚起「創造性顛覆」浪潮的普遍形象，即創新的新秀可以迅速導致既有競爭對手關門大吉的想法。雖然舊技術可以繼續為利基市場服務很長一段時間，但市場絕大部分會相對迅速地放棄它，轉而支持新技術。

擴展現狀（第四象限）。當平衡被扭轉時，即當新的價值主張面臨大量的挑戰出現，導致生態系的準備程度低，而舊的價值主張位於提供強大改進機會的生態系中，此時顛覆的速度

表 4.1
分析生態系顛覆速度的框架

		舊價值主張的擴展機會	
		低的	高的
生態系對新價值主張的準備程度	高的	**第一象限：市場顛覆** （最快的替換） • 16GB 相較於 8GB 的隨身碟 • 噴墨印表機與點陣印表機 • 智慧型手機與功能型手機	**第二象限：穩健共存** （逐漸替換） • 固態儲存（如快閃記憶體）vs. 磁儲存（如磁碟機）vs. 固態儲存 • 雲端運算與桌面運算（2020 年） • 2020 年 RFID 晶片 vs. 條碼
	低的	**第三象限：復原力的假象** （停滯後快速替代） • GPS 導航器 vs. 紙本地圖 • 高解析度電視 vs. 標準畫質電視 • MP3 檔案與 CD	**第四象限：擴展現狀** （最慢的替代） • 2018 年擴增實境頭戴式裝置 vs. 平面螢幕 • 2012 年純電動汽車 vs. 燃油車 • 2010 年 RFID 晶片 vs. 條碼

將非常緩慢。舊的主張有望在很長一段時間內保持繁榮昌盛的領導地位。這個象限最符合那些首次宣布時看起來具有革命性的技術，但在回顧時顯得被過度誇大。

條碼與無線射頻辨識（radio frequency identification，簡稱RFID）晶片之間的早期關係提供一個很好的例子。RFID晶片有望儲存比條碼更豐富的資料，但由於合適的IT基礎設施部署緩慢和產業標準沒有統一，因此被延遲採用。同時，正如我們已經討論過的，資訊技術的改進擴展條碼資料的可用性，使RFID淪為利基應用，並使RFID革命停滯不前十多年。到2010年代中期，許多針對RFID出現的挑戰已經獲得解決。動態終於從第四象限轉移出來，替代的速度也加快。但這對那些一開始就完全投入於RFID的人來說，是一個小小安慰的開始。等待系統其他部分跟上的機會成本可能意味著，過早在十年前就跑到正確的位置，可能比完全錯過革命的代價更高。

此外，替代被延遲的時間愈長，新主張取得優勢所需的性能門檻就愈高（圖4.4中的D點）。例如，每次資訊技術的改進使條碼更加有用時，RFID技術的品質門檻就會提高。因此，儘管RFID生態系尚未發展成熟，阻礙它被廣泛採用，但人們對這項創新技術的性能預期卻不斷提高。我們將在下面對斑馬科技公司的討論中，探討如何管理這種過渡情況。

穩健共存（第二象限）。當新的價值主張生態系的準備度很高，而舊價值主張的生態系擴展機會也很高時，兩者之間的競爭就會很激烈。新主張將進入市場，但現有生態系的改進能夠捍衛原本的市佔率，雙方會有一段長時間的共存期。儘管擴展的機會不太可能扭轉新主張的崛起，但將在很大程度上延遲新主張的主導地位。

我們應該期待不同細分市場的不同顛覆性結果。以自動駕駛汽車為例，比較不同的部分，例如家庭旅行、市內送貨、州際公路運輸、在封閉的建築工地上搬運材料，不同的類型顯示核心性能需求和生態系準備情況的差異極大。這種差異放大你選擇把價值主張針對哪些顧客，以及何時這麼做的重要性。

想想看混合（燃油／電動）車引擎與傳統內燃引擎競爭的

情況：與需要充電站網路支援等新元素的全電動引擎不同，油電混合車不受生態系出現挑戰的阻礙。儘管如此，傳統汽油發動的引擎變得更加省油，加熱和冷卻系統等其他元素整合地更好，為舊主張創造更高的價值。

從消費者的角度來看，一段穩健的共存期可能非常有吸引力。兩個生態系的性能都在提高，舊主張的生態系變得愈好，新技術生態系的性能標準就愈高（圖4.4中的B點）。請注意，這個象限也有利於特定公司內競爭技術的共存。

復原力的假象（第三象限）。當生態系對新價值主張的準備度較低，而對舊價值主張的擴展機會也較低，在出現的挑戰獲得解決之前，不會有太大變化，但隨後替代將迅速進行。這裡的顛覆將遵循海明威對破產開始的描述：一開始是漸進的，然後是一下子全部發生。高解析度電視與傳統電視廣播、GPS全球定位系統與紙本地圖集都是很好的例子：這兩次革命都不是因為舊主張生態系的進步而延遲，而是因為新主張生態系出現挑戰而延遲。

在這個象限的場景中，產業分析可能會顯示舊的價值主張維持著較高的市佔率，但成長已經停滯。因為一旦新主張實現其價值創造的潛力，市佔率迅速翻轉就指日可待，所以舊技術的主導地位是脆弱的。就現有公司而言，他們必須避免誤以為自己是靠努力來維持市場地位的。正如公路地圖集出版商所證明的那樣，這可能是收割的時候，只做漸進式的改進，著眼於產品趨向衰落。

在框架中定位創新

要在特定的象限中定位創新，首先要評估與生態系出現相關的挑戰。然後，闡明你對每個因素解決方式的看法。最後，就這個解決方案的挑戰程度給予評估。遵循類似的過程來擴展機會，選擇進行的地點顯然是取決於判斷，但透過這個過程，你判斷背後的基本原理不僅對你自己，而且對你可能需要一起帶走的其他人也有清楚的了解。有些人會觀察2021年的自動駕駛汽車，表示它們仍停留在第四象限，指出監管障礙阻礙市場主流的採用，而技術溢回效應繼續提高人類駕駛的表現。其他人則把自動駕駛汽車定位在第二象限的邊緣，聲稱自動駕駛在「地理圍欄」（geo-fenced）的區域已經很成熟，並且特斯拉的自動駕駛功能使高速公路駕駛成為現實。還有人可能會指出，Waymo的無人駕駛計程車試驗證明我們處於第一象限。透過明確了解團隊對位置評估的差異，我們可以識別，並解讀他們信念和直覺基礎的不同假設，像是他們如何定義價值主張、他們如何設想細分市場和市場界限，他們如何選擇衡量成功。這個做法有雙重好處：一是提高外部環境的清晰度，做對的關鍵；二是提高團隊內部觀點的清晰度，有效的關鍵。

價值主張在特定象限中的位置不是一成不變的，隨著生態系瓶頸獲得解決和擴展機會被耗盡，力量之間的相對平衡將發生變化。因此，雖然雲端運算在1990年代和2000年代的大部分時間都在第四象限，但到2010年代它已經完全處於第二象限，並在2020年代進入第一象限。

系統下一步將走向何方？

只有當新的價值主張能夠實現其承諾，並超越舊的價值主張時，才會發生顛覆。這可能發生在整個市場，但更頻繁地是按著細分市場接連發生的。

雖然只有在系統到達第一象限後，才會發生完全替代，但有不同的路徑可以到達第一象限。預測轉變路徑從第四象限到第三象限，再到第一象限的，這種假設是押注在舊技術會耗盡。對於創新者來說，這意味著專注於協調新技術的生態系，而不必太擔心性能門檻的變化。相比之下，從第四象限到第二象限，再到第一象限的預測路徑，將意味著與不斷改進的現有技術生態系競爭。在這裡，創新者需要不斷提升自己的技術性能，同時讓生態系趨於完善。

你對價值主張如何跨越象限的看法，會影響到你在此期間應該進行的投資，以及你應該監測的指標，來驗證你的投資是否正確。透過明確了解你對新舊生態系中動態的預期，你可以更主動積極地監測移動的部分，並且隨著你的假設顯示有效時，更有信心保持或改變你的路線。

公司內部的共存

當你考慮你要承擔的任務時，重要的是要記住，新舊競爭不一定是非此即彼的選擇。相互競爭的價值主張可以在一個市場中共存，也可以在一個特定的公司內共存。這是創新的現有公司所面臨的挑戰機會，他們在第四象限的保持模式中培育新的價值主張，然後在他們的世界過渡到第二象限時，需要找到新的投資立足點。

威科集團是一家成立近200年、擁有悠久創新歷史的出版商，在商業網路出現之初，就積極進軍電子出版領域，早在1995年就為其全球的醫生、律師和金融專業人士客戶群投資線上資訊服務。當然，有遠見的人往往會把事情做的「太早」，不可避免地使領導者處於棘手的境地。

麥金斯特利（Nancy McKinstry）自2003年起擔任威科集團的執行長，需要應對外部生態系以及客戶組織內出現的挑戰。「我認為有時你可以進行這些轉型，你可能會期望你的客戶做某些事情，或採用某種方式，但事實並非如此。」[6]

這實際上意味著，願景的必要輔助手段是持久力和耐心。這既取決公司的內部治理和籌措資金的理念，也取決於外部環境的動態。「從印刷到數位的第一波浪潮並沒有創造更大的利潤池，並且需要對兩種格式進行投資，」麥金斯特利[7]說。「這確實是一項繁重的工作。」雖然第二波更成功，但成功需要時間來擴展：「在等待其他人迎頭趕上的同時，我們該怎麼辦？」這個問題因為「我們怎樣才能繼續投資？」的財務壓力，而變得更加複雜。正如我們在飛利浦的高解析度電視中所看到的情形，先行者的風險不僅在於延遲的回報，而且隨著新技術本身的發展，新技術的相關性也在下降。

從轉型之初就很明顯看出，轉向數位化可以提高威科集團提供的價值，包括更容易存取資料、更高的生產力、新見解，以及最終更好的結果。但麥金斯特利估計，客戶群花費十五年時間才能「大部分的人」都採用新格式。[8]麥金斯特利繼續說：「你必須保持這些〔印刷〕產品的健全，同時你必須進行遷移，因此，在考慮資金分配時，你必須非常清楚我們已經持有這兩個平台一段時間了……第二個含義是，你必須確保你在這個過程中幫助客戶。」[9]挑戰不僅在於開發能夠幫助律師搜尋文獻的技術和解決方案，還在於找到方法，把這些解決方案整合到這些眾所周知保守採用者的工作流程和例行作業中。事實上，儘管攜帶笨重、無法分享的大部頭書很不方便，但法律職業的傳統和習慣意味著需要大量的詳細指導。這需要時間，也需要投資。

遠見、持久力和耐心是能夠走出第四象限的必要因素。如果沒有遠見，你不應該涉入。如果沒有耐心和持久力，你不會成功。問題是你在等待的時候該怎麼做。現有公司的獨特優勢在於他們可以與客戶一起進行基礎工作。對於威科集團而言，這意味著深入了解客戶的工作流程，以找出能夠創造最大收益的價值結構。這是一個明確定義的策略過程，其中包含明確的計畫，經過十五年的轉變，從洞見客戶需求，到開發強化的數位產品，再到擴展生態系，再到重新定義與廣告商的關係，再到提供專家解決方案。在從第四象限向第二象限過渡的同時，階段性的擴張策略取得令人矚目的成果：威科集團的數位部門從2004年佔收入的35%，[10]成長到2019年數位和相關服務佔收入的89%，[11]達到41億歐元，利潤高於歷年來的印刷業務。

透過共存，創造擴展機會

同時參與新舊價值主張，創造一個額外的機會，運用新主張的發展替舊主張創造專有的擴展機會。斑馬科技公司於1982年在貿易展上首次推出條碼印表機，並在接下來的三十年裡，為廣泛的產業提供服務，包括消費品、醫療保健、汽車及其他產業。1991年，斑馬科技公司上市，到年底，在價值3.8億美元的條碼市場中約佔25%。斑馬科技公司的重點仍然是創新熱感印條碼印表機和標籤，因為其銷售額從1993年的8,740萬美元飆升至2000年的4.815億美元。[12]

在過去十年中，緩慢但穩定的鼓吹RFID的創新和採用，有可能在眾多應用中取代傳統的條碼。RFID提供更豐富、即時的資料收集和分析，將徹底改變庫存管理、資產監控和零售櫃檯的銷售。斑馬科技公司選擇積極投資這項競爭技術，在

2014年以34.5億美元收購摩托羅拉的企業業務。在這樣做的過程中，它在產品組合中增加RFID的先進資料擷取通信技術和行動運算。斑馬科技執行長古斯塔夫森（Anders Gustafsson）表示，「隨著全球客戶愈來愈多地運用資料分析和機動性來提高業務績效，我們可以提供物聯網解決方案的基石。」斑馬科技在內部，RFID被視為另一條業務線，而不是替代品。

雖然這些技術仍然是不同的，但透過它們產生的資料，不同的技術在公司內部結合在一起。斑馬科技的資料管理系統會吸取資料，不受技術來源的限制，並將資料轉化為可以行動的見解。這種方法不僅僅是避開顛覆時間的風險，還意味著斑馬科技可以讓客戶允許這些技術在他們自己的企業內共存，從而讓客戶以漸進的方式，把業務的相關部分從條碼過渡到RFID。這種方法包含第一象限和第二象限之間的中間地帶；RFID將在某些領域佔據主導地位，在其他領域與條碼和二維條碼共存。斑馬科技在關鍵任務基礎設施中，給一次全部轉變的高風險情景，創造一種替代方案，使客戶能夠測試並最終接受新方法，同時增強自己在兩代技術中的地位。

憑藉往日的技術，斑馬科技充分運用身為現有公司的力量，獲得未來資料擷取的創新。在這樣做的過程中，斑馬科技在資訊價值鏈上的地位有所提升。它從一個簡單的裝置製造商，讓客戶能夠理解以垂直線形式儲存的資料，演變為在多種裝置上擷取資訊的中間人，以及因為對於他們擷取的資料有分析和採取行動的能力，成為客戶的合作夥伴。

創新的現有公司最大的優勢是，他們能夠運用在客戶中的現有地位獲取知識，並為他們的新價值主張建立牽引力。把新計畫與主要業務區隔開來的現有公司，會削弱他們運用這種力量的能力。正如我們之前在亞薩合萊中看到的那樣，威科集團和斑馬科技大規模運用傳統業務的資源和關係，為支持新價值主張提供強大的槓桿力量，同時運用新主張的能力可以為舊主張創造優勢。

做出選擇：把握、等待、轉換或塑造

列出成功所需的所有環節，會使投資創新的東西變得令人怯步。然而，重要的是要記住，看到複雜的情況並不會讓事情變得更複雜，它只會讓你更了解情況。如果公司要努力發展，必須接受把資源投入新的和不確定的計畫中。然而，很多時候，因為圍繞這些投資的策略模糊，投資的結構往往是零碎的，以至於弄巧成拙，你在跟財務同事辛苦開完預算會議後，隨便去問一名產品經理就知道了。

這裡提出的邏輯並不是強迫的漸進主義，而是可以為承諾提供信心。清楚了解自己的執行能力，再加上清楚了解你所處環境的動態就更加重要：新主張的生態系是否準備就緒，或者出現的挑戰清單是否讓人難以承受？舊主張的生態系是否仍有改進的潛力，還是它已經走到終點？當你真的選擇要採取行動，以及選擇策略上耐心的發展過程時，對這些問題的理性觀點將有助於你解決問題。

選項A——把握時機。如果具備所有條件，就勇往直前，迎接市場顛覆的機會。偉大的執行力是必要，也是艱難的，但它也足以讓你獲勝。

選項B——懷著信心等待。眾所周知，技術預測者不擅長預測事情發生的時間。這裡的框架可以當作有力的指南，預測事情何時不會發生，並在實際行動開始之前，列出關鍵指標，顯示是否可以開始行動。當出現挑戰的數量和規模超出你的解決能力時，尤其是當它們阻礙你聚集計畫的最低可行生態系統時，現實顯示，在相當長的一段時間內不會發生任何事情。比起消耗資源，然後開始漫長的等待，在此時放慢速度，解決出現的挑戰，可能是更明智的方法。飛利浦類比高解析度電視的失敗有力地提醒我們，過早開始可能是多麼痛苦，而且毫無結果。

如果你選擇等待，關鍵是要清楚地說明你在等待什麼：既要知道要監控什麼情況，又要在錯失恐懼症煽動不明智、時機不對的承諾時，堅持你的決心。有信心地等待，可以讓你避免行動不徹底和象徵性投資，這些投資首先令人興奮，然後分散注意力，然後令人沮喪，最後是不可避免地令人失望。

選項C——轉換你的目標。放慢你自己的進度有另一種方法，是改變你價值主張的目標。同樣的創新，部署在不同的市場，就面臨著不同的性能門檻和不同的生態系要求。例如，與公共道路相比，在私人建築工地上行駛的自動駕駛汽車無需掌握高速操控，也不需要友善的總體監管環境，即可創造價值。投入這種「跳板」市場的吸引力在於，有機會開發技術、降低學習和成本曲線、努力可以獲得回報，並開創新的可能性。在這種轉變中獲得成功，組織需要靈活和清楚理解出現的挑戰。[13]

2007年，生物學家埃維（Linda Avey）和企業家沃西基（Anne Wojcicki）成立23andMe，這家初創公司承諾使用DNA分析，來解碼客戶的祖先來源，而這家公司與其他家譜公司的關鍵區別在於，會分析客戶的特定基因突變，以找出對某些疾病的易染病體質。報告還包括一個「機率計算器」，顯示客戶特定的基因組成影響他們罹患癌症、心臟病、肥胖等的風險情況。儘管該公司聲明「23andMe的服務目的，不是當作診斷疾病或醫療狀況的測試或工具，也不是在提供醫療建議」，[14]但醫生、生物倫理學家和隱私權倡導者仍表示擔憂，因為客戶就有能力以變相的方式，把這種醫療資訊套用在自己身上，尤其是當「消息」不好時會產生情緒上的影響。到2013年，23andMe已將檢測試劑盒的成本從999美元降至99美元，並替50萬名客戶提供服務。[15]

「如果你不照顧自己，沒有人會照顧你，」聯合創辦人沃西基說，「我在醫療保健方面發現一些侮辱人的事，其中一件是很多事都替你做了決定，而你從未有做決定的機會。」[16]對她而言，23andMe透過個人化的基因知識，把醫療保健的權力交到消費者手中。「遺傳學是讓你過著更健康生活的一個環節，」她說，「大數據將使我們所有人更健康。」[17]然而，美國食品藥物管理局（U.S. Food and Drug Administration）的看法不同。[18]由於檢測試劑盒被用於導出醫學診斷，管理局裁定該檢測實際上是「醫療器材」，因此需要透過嚴格（而且昂貴耗時）的試驗來驗證，才能獲得主管機關的批准。

對23andMe的目標價值主張來說，FDA的批准要求是意外出現的挑戰。為此，23andMe的商業努力轉向與製藥公司的合作，因為它重新考慮直接面向病人的做法。嫻熟法規的製藥商迫切需要可以大規模分析的基因資料，以確定潛在的藥物目標、研究參與者，甚至潛在的患者。23andMe獨特的基因資料庫使他們成為極具吸引力的合作夥伴。2015年，該公司宣布與輝瑞建立合作夥伴關係，與5,000名受試者研究狼瘡。2018年，製藥巨頭葛蘭素史克（GlaxoSmithKline）以3億美元的價格入股23andMe，目的是開發藥物，[19]最初針對帕金森病。第二年，23andMe與艾拉倫製藥公司（Alnylam Pharmaceuticals）合作推出+MyFamily計畫。這項工作給帶有基因變異者的一等親屬，提供免費的檢測試劑盒。[20]2020年初，23andMe把開發出來的一種針對發炎性疾病的抗體，授權給西班牙製藥公司Almirall，[21]後者計畫將該藥物透過臨床試驗，並有望把該藥物上市。

把轉向替代市場當作過渡期的臨時步驟，風險在於重返主流市場可能並不容易。為不同的市場服務，意味著建立其他的組織和流程，而這些組織和流程可能無法很好地轉化為原始目標運用。但是，積極的管理和明智的臨時目標選擇將降低這種風險。在追求醫藥合作路線的同時，23andMe自己繼續努力來符合監管要求，在2017年重新進入個人基因檢測市場。由於被迫改變路線，23andMe展現轉向不同的目標市場，不僅幫助你生存，而且還蓬勃發展。

選項D——塑造環境。當然，在受外部力量支配的生態系旅程中，企業不只是其中的乘客。當你了解你面臨的新挑戰，並以令人信服的方式來應對時，策略性地塑造和替產品獲得有利的定位就說得通。特斯拉對自動駕駛的方法就是一個很有啟發性的例子。

從2016年開始，特斯拉開始為所有汽車配備感測器、軟體和車載資訊子系統，以實現「自動駕駛」，也就是特斯拉的高級駕駛輔助選配項目。無論購車者是否選擇自動駕駛選配，車內都包含這些元件，也負擔元件的費用。因此，車主可以在購車時為自動駕駛支付8,000美元，[22]或是他們可以在日後支付10,000美元來解鎖該功能，或是他們可以選擇永不付費，並且永不使用該功能。但是，無論使用者是否使用自動駕駛功能，特斯拉都會存取自動駕駛的套件，收集所有汽車、所有駕駛的駕駛資料，不間斷地收集。透過無線連接自己車廠的車輛，特斯拉能夠從不斷增加的車隊中收集資料。

到2018年，特斯拉有大約50萬輛裝有自動駕駛硬體的汽車上路；特斯拉駕駛已經達到（並提供資料用於）100億英里的駕駛里程數，[23]讓特斯拉在賽局中遙遙領先於其他競爭對手。特斯拉在該領域部署大量車輛，來收集資料，所以任何試圖趕上特斯拉的公司都面臨著艱鉅的挑戰。這是一個成功的賭注嗎？還不確定。對於有興趣推動自動駕駛汽車未來的公司來說，這是一個明智的賭注嗎？絕對是。

大膽的賭注：時間壓縮的不經濟和相關性的半衰期

當選擇需要時間來產生，並且選擇的成本高昂時，策略非常重要。在選擇生態系競賽的投資速度時，考慮兩個互補的想法是有幫助的。第一個，**時間壓縮不經濟**，時間更迫切時，評估你的做法成本變更高（效率更低）的程度。[24]建立聲譽是一個典型的例子，你可用來建立聲譽的時間愈短，就愈難讓合作夥伴和客戶對你的行為有同等程度的信心。資源受時間壓縮不經濟影響的程度愈大，早期投資的理由就愈充分。在非技術的活動和夥伴關係的背景下，時間壓縮不經濟尤其普遍，在這種情況下，建立關係和相互信任是實現協調一致的基石。

相反的是**相關性的半衰期**，這是資源在部署後價值下降的速度。例如，在網路連線的工廠和家庭的世界中，向無線網路連線的轉變趨勢降低有線基礎設施的價值。如果沒有新的投資，合作夥伴的耐心和熱情也同樣會消退。當你需要匯集的元素漸漸失去生命力時，過早把它們組合起來肯定會破壞你的投資價值。

按照這種邏輯，特斯拉承擔在每輛車中包含自動駕駛功能的成本，其中很有說服力的理由是，自動駕駛的技術成就將不取決於自動駕駛演算法（半衰期短，因為經常出現改進的方法），而是取決於訓練和調整這些演算法累積的駕駛資料（半衰期長，並受到時間壓縮不經濟的影響）。

當價值主張依賴的因素會受到時間壓縮不經濟影響時，早期撒種可能會是極其有利的。

回顧我們在第三章中的討論，我們可以把這種投資當作是為在新的生態系中推出MVE做準備。特斯拉在希望把服務推出的前幾年，就在汽車保險方面早有行動，這很有啟發的意義：2019年，該公司宣布推出特斯拉保險，「這是一種價格具有競爭力的保險產品，旨在為特斯拉車主省下20%的保費，在某些情況下甚至省下30%。特斯拉對自家的車輛、技術、安全和維修成本有著獨特的了解，並消除傳統保險公司收取的某些費用。透過定價政策，反映特斯拉的主動式安全系統和先進的駕駛輔助功能，這是所有特斯拉新車的標準配備，特斯拉保險能夠為許多符合條件的車主提供更低的保險費用。」[25]馬斯克

（Elon Musk）從來不會讓自己的產品被低估，他宣稱：「這將比其他任何東西都更具吸引力。」[26]

傳奇投資人（同時也是汽車保險巨頭Geico的持有者）巴菲特對特斯拉的舉動表示不屑，「汽車公司進入保險業務的成功可能性與保險公司進入汽車業務的成功可能性一樣。」[27]對於處在框框內的顛覆和多元化投資環境裡的人，只會給現有產業增加競爭，對他們來說，這種說法是明智的批評。然而，當我們能夠明白，或使價值結構中多種元素發生變化時，這種說法就忽略會出現的可能性。

回顧我們在第一章中對柯達的討論，可以這麼說，造紙公司和LCD製造商永遠不會成功地以多元化方式跨入對方的產業。沒錯，但就像柯達的情況一樣，當產業框框之間的區隔本身被消磨時，賽局就會發生強烈的變化。如果特斯拉為改進駕駛演算法而收集的資料可應用於判斷駕駛的安全，那麼**運輸**和**保險**的元素就會開始融合，就像數位沖印中**檢視**和**產生**的元素那樣。從這個角度來看，巴菲特似乎過於輕率就予以否定，因為特斯拉不只是製造安全的汽車而已。透過向整個車隊提供無線軟體更新的能力，它可以使已售出的汽車更安全。

藉由對演算法和控制軟體的無縫改進，就好像你買了一輛有安全帶的汽車，兩年後有一天你醒來，發現它多了安全氣囊。此外，雖然保險公司多年來一直試圖說服客戶在車中安裝黑盒子裝置，來監控駕駛的習慣（例如，計算急剎的次數，這是侵略型駕駛行為的指標），並「獎勵」更安全的駕駛，但特斯拉對駕駛行為的各個方面都有著完美的能見度。如果情況允許，這真的很難說，特斯拉可以為他們的每位駕駛提供完全量身訂做的保險產品，這是任何第三方汽車保險公司永遠無法做到的。

最後，早在特斯拉自動駕駛套件提供完全的自動駕駛之前，特斯拉可能能夠提供近乎完美的防禦型干預，把安全操作轉變為車輛的產品保證，而不是與眾多人分散風險的精算賭注。事實上，我們可以看到價值反轉的動態出現在我們眼前：從歷史上來看，汽車製造商提高車輛的安全性對保險公司的業務來說，是個好消息；但二十倍的改進是更接近於消除安全上的疑慮，這可以完全消除傳統保險公司的價值創造基礎。

然而，這個願景需要生態系中進行大量的程序和監管創新，正是在這方面，我們可以預期時間壓縮不經濟會愈來愈突顯，所以替技術和商業模式做好準備，並不會加速解決非技術性的新挑戰。這就是為什麼特斯拉在2019年的行動時機似乎是明智的，而非為時過早：透過與國家保險公司（State National Insurance Company Inc.）這家傳統保險公司合作，建立立足點，讓特斯拉對保險業的賽局有深入的了解，也許更重要的是，有一個影響政策和監管創新的立足點，而這些創新需要管理，使特斯拉能夠參與賽局。防禦型的現有公司通常幾乎沒有空間來阻止技術發展，但是，當舊生態系中的利害關係人因新生態系的興起，而失去某些東西時（無論他們是保護自己利潤的保險公司，還是保護成員的貨運工會），他們可以積極遊說，以增加非技術新挑戰的負擔，導致嚴重地推遲顛覆的時機。因為期望透過共同利益，自然會有所進展，就太天真了，所以聰明的顛覆者了解，塑造系統和對抗體制慣性的力量，需要市場參與者的努力，而不僅是白板上的概念證明。

透過部署資源來推出在MVE之前的產品，特斯拉創造主動影響新挑戰的可能性，而不是被動地坐在一旁，就希望出現的挑戰能夠自然解決。保證能成功嗎？並沒有。特斯拉是否有可能以相對較低的探索成本，提高自己的勝算，並為他人敞開大門？絕對是的。現有公司是否應該對自己怠慢不予理會，掉以輕心呢？絕對不是。

對抗保守的力量

本章不應被解讀為要膽怯懦弱，或在面對變化時，替無所作為找藉口。對時間風險有更清晰的理解會使不確定性更加突出，但不會就此增加不確定性。事實上，恰恰相反，這樣提高我們在不確定環境中做出決定的能力。在討論向前邁進的方法時，使用本書的觀點來影響對話，但不要這些觀點讓助長惰性和不知所措。

馬斯克是一位有遠見的創辦人執行長，擁有「現實扭曲力場」（reality distortion field），[28]當然他對事情的調遣空間比一般組織中大多數支持創新的人還更大。但請記住，只有當你無法說服他人自願遵循時，你才需要強加自己的意願。這裡的重點是，清晰的邏輯以及用這種邏輯的溝通，可以大大提高決策者之間的融合度，我們將在第七章再度討論這個主題。

不同的公司面臨不同的選擇和限制。在時機的安排方面，這再次意味著普遍「正確」的答案在這裡並不適用。相反的，關鍵是提供一個連貫合理的答案。即使在特定的公司內，個人和團隊的觀點也會有所不同。正是透過以結構化的方式闡述不同觀點，團隊才能充分發揮他們的集體見解。這類似於將你的價值結構做為你的價值創造理論來討論：不同的參與者會有不同的直覺。管理方面的挑戰是，不僅對於要做的事達成協議，而且還要對於選擇這樣行動方案的原因達成共識。

在每個組織中，每個人都很容易同意他們想要成功的創新。當需要分配必要的資源，來追逐夢想時，就會出現緊張關係。在隨後的辯論中，何時的問題往往歸入是否的問題，但這是兩個截然不同的問題。人們常說，策略就是選擇哪些事情不要做。在一個動態的世界中，這包括知道什麼時候不做，以及什麼時候自信地投入。

制定決策時，根據需要協調的內容和可以協調的時間來指導，這將提高創新工作的效率和效果。然而關鍵的問題是，誰要來推動所需的協調，也就是誰最有能力領導生態系，以及誰更能靠這種領導力而獲得更好的成果，這就是我們下一章的重點。

第五章

本位系統的陷阱

自認為是領導者，卻沒人追隨你，不過是你獨自一人在散步。

——領導力專家麥斯威爾（John Maxwell）

如果你總是把你的組織視為核心角色，那麼你怎麼稱這個生態系？

答案是，本位系統（ego-system）。

每個孩子都會根據自己的自我意識和需求解釋周圍發生的事情，他們的世界是圍繞著自己轉。有一個指標能代表小孩長大成熟，那就當他們能夠擴展自己的世界觀，從他人的角度看待事情。當我們發現可以在場，同時又不一定處於中心位置時，我們就會經歷深刻的轉變。

生態系的情況也是如此。當企業領導者開始了解，相互依賴對他們創造價值的能力有多麼重要時，他們的預設情況是從「他們的」生態系的角度，來看待他們周圍的相互作用，也就是以他們自己為中心來解釋世界。還有什麼比這樣更自然的？這就是為什麼我們最終會有「蘋果生態系」、「Google生態系」、「插入你公司名字的生態系」之類的標籤。公司愈大愈成功，這種趨勢就愈強烈。

但是，當企業領導人預設自己的公司來定義生態系時，就會陷入本位系統的陷阱。他們鎖定一種假設他們掌控情勢的觀點，而忽視他們所依賴的合作夥伴可能正有相同想法的可能性（圖5.1）。

在生態系內就像在組織內一樣，某一方負責定義協調的結構、行動的時機、參與者的安排、以及參與規則，這麼做是有幫助的。但是，如果每個人都認為自己是領導者，那麼誰也不是領導者，而協調和成效就會下降。

我們應該如何對待生態系中的領導力？同樣重要的是，我們應該如何有效地思考追隨者的關鍵作用，這個角色更常見，但需要策略的分量卻要少得多？

「追隨者」在商業詞彙中是一個不好的用詞，讓人聯想到進入市場時間較慢、利潤和市佔率較低、創新能力較差、缺乏雄心，以及許多其他負面的情況。但在生態系中，這樣思考是錯誤的。

在生態系中領導與在產業中領導不同。在產業中，領導力的衡量方式由你的競爭力成果決定，例如相對的市佔率、利

圖 5.1
當參與者假設自己的領導願望會得到他們所依賴的合作夥伴的擁護，而沒有發現這些合作夥伴可能也有同樣的雄心壯志時，就會出現本位系統的陷阱。

潤、品牌實力等。而在生態系中，領導力不是一種成果，而是一種角色，衡量標準為你是否有能力使其他人協調一致，根據價值架構達成價值主張。這意味著我們必須區分領導生態系（角色）和參與領先的生態系（成果）。在協調做得成功的生態系中，當價值主張的承諾實現時，所有參與者包括領導者和追隨者都會受益。相比之下，那些嘗試領導但未能成功協調其他參與者的公司會以失敗收場，就這麼簡單明瞭。

正如我們將在本章中看到的企業層面和第六章中的個人層面，策略成熟度意味著知道如何高效地領導他人，以及如何在其他人掌控生態系的情況下，身為生態系的一員要如何繁榮發展。

本位系統的衝突：美國的行動支付

支援電話的行動支付本應徹底改變實體世界中的經濟交易。蘋果執行長庫克（Tim Cook）在2014年推出Apple Pay時提出這個期望：「Apple Pay將永遠改變我們所有人的購物方式。」[1]其他人也同意：「Apple Pay可能是最終扼殺實體信用卡（以及錢包）的解決方案，因為它在各方面都更好用。」[2]

但在美國，行動支付對經濟交易的整體影響近乎微不足道。這並不是因為行動支付的價值主張被視為沒有吸引力，咖啡連鎖企業星巴克自家的行動支付應用程式廣受歡迎就可以證明這一點；也不是因為推廣行動支付沒有努力：自2011年以來，Google和思科（Cisco）等科技巨頭、佔主導地位的零售商、電信領導者和無數其他公司對於用近端行動付款取代實體信用卡，都投下大量心力。

行動支付的願景在一些市場已經實現，最明顯的是中國，微信支付和支付寶確實改變金融交易，我們將在本章後面探討這些案例。但在美國，這場革命卻令人失望。直到2019年，Apple Pay才擠下星巴克的應用程式，坐上美國行動支付交易第一把交椅。這不過是失敗的表現，如果你只勉強打敗咖啡產業，你並未取得突破。

我們將探討Apple Pay的案例，但Google電子錢包（Google Wallet，2011年-2016年）和其他競爭者，也有類似的故事和類似的失敗。為什麼沒有任何大公司能夠領導成功的行動支付生態系？因為他們都一心想由自己來主導，落入本位系統的陷阱。

在COVID-19危機期間，美國行動支付的使用確實增加。但推動人們採用的是因為全球大流行病，而不是蘋果或Google。然而，即使有這種千載難逢的刺激，行動支付交易的現金價值仍遠低於信用卡，而且遠遠沒有實現「永遠改變我們購物方式」的承諾。在未來某個時機點，行動支付很可能會主導美國的交易。當他們這樣做時，有兩件事必然會成真：第一，參與者之間最終會協調一致；第二，這個成功點將會以極其低的效率達成，遠遠晚於需要的時間，並且有很長的時間未能達到最初的期望。

關鍵在於，如果這種情況發生在蘋果公司，這家歷史上最賺錢的公司、獨佔鰲頭的智慧型手機製造商、處於權力巔峰的生態系巨頭，那麼沒有任何一家公司應該自欺欺人地認為，在一個生態系中的領導地位會自然而然地轉化為其他地方的領導地位。

真正的領導需要自願的追隨者

美國行動支付生態系的成功取決於四類關鍵參與者之間的合作：智慧型手機製造商、銀行、零售商和電信業者，以上經過大幅的簡化，但可以讓我們探索這個豐富的背景脈絡，而不會陷入技術困境、法律和監管的細節。

蘋果公司憑藉自己在iPhone生態系中無庸置疑的領導地位、數十億使用者，以及對其App Store應用程式發行平台的直接控制，把行動支付視為蘋果生態系的重要延伸。從蘋果的角度來看，其他三個參與者已經是快樂的追隨者：銀行和零售商都願意提交他們的應用程式，接受檢查和批准，然後才能上架到App Store上發行；電信業者進一步協調成為iPhone的零售商和服務提供商。由於各方都看到轉向行動支付的價值，因此很容易假設保證會有追隨者。畢竟，**行動支付的關鍵字是行動，**它只能靠手機而存在。如果你仍然對誰應該領導這個生態系感到困惑，那麼品牌力量是一個有用的提醒：Apple Pay。

然而，電信業者的看法不同。對電信業者來說，關鍵字也是行動，而行動就是他們的地盤。畢竟，他們收取行動費用的時間比其他人都長。早在2010年，AT&T、Verizon和T-Mobile這三家電信公司就宣布自己致力於促進使用手機支付，最終把Visa、萬事達卡和美國運通卡加入聯盟，希望能獲得市場的青睞。「今天在全美推出Isis行動錢包（Isis Mobile Wallet）對消費者、商家和銀行來說都是一個里程碑，」[3]當時Isis執行長亞伯特（Michael Abbott）表示，「這開啟一種更智慧的支付方式。」這三家電信業者在他們的Isis計畫中聯合投資數億美元（2014年改名為Softcard，因為當時最初的名稱會讓人聯想到恐怖組織）。[4]

零售商也有自己的想法。對他們來說，行動支付代表重新設定交易條款的機會，因為在他們看來，每次信用卡交易他們都被迫要支付不公平的高額費用。此外，把支付與智慧型手機綁定起來，這讓收集消費者偏好和習慣的資料，提供大好的機會，以便更能鎖定促銷的目標客群、更進階的忠誠度計畫，以及加強的庫存預測。美國最大的零售商（沃爾瑪、零售商塔吉特〔Target〕、連鎖藥店CVS、連鎖藥局來德愛〔Rite Aid〕、百思買和眾多其他零售商）因為考慮到上述這些目標，於2011年聯合成立「商家顧客交易聯盟」（Merchant Customer Exchange，簡稱MCX）。MCX成員包括超過11萬個零售據點，每年處理超過1兆美元的款項。他們提出的行動支付系統被稱為CurrentC，直接連接到使用者的銀行帳戶，省去信用卡和商家承擔的手續費。

當Apple Pay於2014年推出時，MCX已經努力三年，而CurrentC系統仍停留在產品上市前的測試版。這種令人失望的表現是否足以讓零售商成為Apple Pay生態系中快樂的追隨者？不太可能。零售商樂意遵循蘋果在應用商店中的規則，但管理支付完全是另一回事。沒有追隨者的情況是什麼樣子？在Apple Pay推出後，沃爾瑪委婉地提出的觀點：

當然，有很多引人注目的技術正在開發中，這對整個行動商務產業來說是件好事。到頭來，重要的是消費者擁有一種被廣泛接受、安全、且在開發時考慮到他們的最大利益的支付方式…… **商家顧客交易系統的成員認為，商家處於提供行動解決方案的最佳位置，因為他們對顧客的購物和購買體驗有著深入的見解。**[5]〔粗體字的強調是後來加的〕

不那麼官腔的說法：MCX通過一項規則，禁止會員使用其他手機支付系統，直到聯盟自己的應用程式準備就緒。[6]藥房巨頭來德愛甚至向門市經理發送一份備忘錄，明確指導如何向顧客解釋不加入Apple Pay的問題：

如果顧客嘗試使用Apple Pay付款，〔付款紀錄上的〕訊息將顯示顧客和收銀員使用不同的付款方式。請吩咐收銀員向顧客道歉，並說明我們目前不接受Apple Pay，但明年我們將推出自己的手機錢包。[7]

重要的不是CurrentC或Isis/Softcard是更好的技術，還是對消費者來說是更好的主張。它們都不是，而且後來幾年內就都下架了。重要的是，Apple Pay所依賴的許多重要合作夥伴，都認為自己不是這個新生態系中的追隨者。

自以為是領導者，所以造成這種以為會有追隨者的假象。追隨者都這樣了，還需要有敵人嗎？

銀行是蘋果部署的一個巧妙推動協調的策略。Apple Pay設計的一部分是要求消費者需要為所有Apple Pay交易選擇一張預設的卡，也就是「第一張卡」便為預設卡。[8]策略很清楚：任何沒有立即準備好支援Apple Pay的銀行都將失去成為消費者首選卡的機會，並且會失去賺取與這些支付相關的費用。銀行紛紛行動起來，到2015年2月，已有兩千多家銀行參與。不幸的是，正如我們已經知道的那樣，僅僅成功地與一種參與者密切合作並不能把生態系給守穩。

所以，不能假設會有追隨者。參與者放棄爭取領導權，並不一定會等於會欣然接受自己成為追隨者。正是這種不追隨的公司，削弱蘋果在美國成功領導行動支付生態系的能力。然而，更廣義地說，正是由於參與者無法找到一個可行的協調結構，使他們任何一方都無法獲得行動支付的真正好處。**生態系若不協調一致，則無法實現其價值主張，每個人都是輸家。**

我們怎樣才能做得更好？

在追求成長的過程中，保持協調與重新建立協調

在一個生態系中，重要的不僅僅是你想和別人一起做的事，而是別人願意與你一起做的事。

特別是在構成你的MVE關鍵參與者中，合作夥伴可能會支持你提出的主張，但他們可能對如何實現，以及誰應該負責，尤其是假以時日，他們會與你有著截然不同的看法。回想一下，我們在第一章中對生態系的定義：

生態系的定義是，合作夥伴透過價值結構相互作用，向終端顧客提供價值主張。

圍繞結構來定義生態系，這是有充分理由的，因為結構包含角色、定位和創造價值主張的合作夥伴之間的流動，而不是圍繞特定的公司來定義生態系。從這個角度來看，沒有所謂蘋果獨尊的生態系。相反的，蘋果參與多種生態系，並且根據合作夥伴在達成價值主張方面，結構是否協調（或不協調）的情況來區分這些生態系。

當成長計畫把結構延續下去時，此時的合作夥伴仍然滿足他們的相對角色和地位，擴張是當前生態系的延伸。然而，當一個新的價值主張引起新的緊張和衝突，即在追求新的機會時，是否應該保持現有結構，因為擴張會挑戰現有的結構。這顯示需要重新審視領導者與追隨者的角色，並可能需要開發新的生態系。

蘋果從iPhone到iPad再到Apple Watch的歷程，是生態系內擴張的完美例證。在智慧型手機生態系內與應用程式開發商、經銷商和電信業者的關係得以維持，合作夥伴願意繼續接受蘋果的領導地位，因為價值主張擴展到各種形式和使用案例。[9]

相比之下，我們在行動支付的案例中看到跨生態系的擴張，這與迄今為止蘋果在健康、教育、智慧家居、電視、影片和汽車交通方面的其他努力類似。我們可以把這些視為不同的生態系，因為它們需要合作夥伴採取不同的協調方式，來實現其承諾的價值主張。儘管蘋果可能會參與其中每一個生態系，即使它的參與是以相同的共享元素（iPhone、iOS、App Store）為基礎，但它在關鍵合作夥伴聯盟中的角色和定位在每個生態系中都是不同的。而且事實上，蘋果在所有這些環境中投入極大的努力要來發揮領導力，一直是在研究制定雄心勃勃的目標，[10]例如，醫療保健將是蘋果「對人類最大的貢獻」；HomePod將「重塑家庭音響」；[11]其課堂教育平台將「以只有蘋果才能做到的方式，放大學習和創造力」，[12]但隨後的結果令人失望。

在本文撰寫之時，蘋果是一家非常成功的公司。但是，因為蘋果在生態系工作中，不斷奮鬥和失敗之時，**我們必須要問，如果蘋果調整參與賽局的方式，它能更成功到什麼程度？**

如果蘋果在行動支付工作的早期，就了解培養追隨者的重要性，它可能會採取一系列不同的步驟：我們看到銀行與它的「第一張卡」策略之間的完美協調，但是沒有為商家創造類似的提案。Apple Pay與iPhone 6一同推出，這是第一款採用NFC技術的iPhone，使手機能夠與商家的支付終端「對話」，這對Apple Pay極為重要。但這意味著在發布時，蘋果的安裝基礎與商家無關，要求這項便利功能的並不是美國的7,200萬iPhone使用者，[13]這只跟那些購買新iPhone的人有關，而且還是高階的機型。如果把NFC技術納入早期的機型，並像我們在第四章中看到特斯拉在自動駕駛汽車中所做的方式吸收成本，是否能更妥善地幫助商家協調一致？有沒有辦法優先考慮商家對資料或降低交易費用的迫切需求？

如果能更清楚地了解，需要重新建立生態系的領導地位，以支持行動支付主張，這可能會讓蘋果走上不同的道路，就像我們在第三章中看到亞馬遜對Alexa的做法一樣，事實上，這也是蘋果從音樂到手機所採取的道路。根據目前的討論，我們可以看到「你的MVE是什麼？」這個問題是對「你的領導基礎是什麼？」的回答。

這裡沒有意味著行動支付不會在美國普及，或者蘋果最終不會領導這樣的生態系。我們非常清楚地看到，領導力不是自動的，領導力的假設會削弱創造追隨者的能力。

領導不一定要單獨擔任。有趣的是，有時即使是激進的競爭者，也可以拋開競爭關係來協調聯盟結構。蘋果本可以試圖找到與Google的共同點，讓智慧型手機操作平台的製造商「們」成為生態系的領導者。值得注意的是，雖然電信公司和零售商找到共同原因，並聯合成各自的聯盟，但蘋果和Google選擇（並且在撰寫本文時繼續選擇）單獨行動。諷刺的是，在行動支付主張的背景下，以及推動它向前發展所需的協調結構中，比起賽局中的任何其他各方的利益，這些競爭對手的利益都還要更加一致。[14]

生態系領導力的試金石

當價值主張擴大時，必須重新審視協調的結構和角色。重要的是要有一個明確的過程，來確定擴張是否發生在現有生態系的界限內，因為在這種情況下，你可以期待你當前的角色能繼續；或者擴張是否跨越界限，進入新的生態系，在這種情況下，你可以預期角色將重新競爭和協商。你可以在這兩種情況下成功，但你需要替個別的情況部署不同的策略。

在所有情況下，無論你是當前生態系中的領導者，還是追隨者，出發點都是清楚了解當前領導的基礎。生態系中的每位參與者都聲稱自己的參與是正當的，因為他們對價值創造有所貢獻。然而，生態系領導者需要做的不僅僅是貢獻而已。領導者需要給其他合作夥伴一個選擇跟隨他的理由，而不是去爭奪領導地位。

以下兩個試金石問題替擴張是在生態系內，還是跨越生態系，提供指導：

1. **當你擴大價值主張時，新的合作夥伴是否覺得你聲稱的領導力令人信服，至少信服的程度與你目前的合作夥伴認為的一樣？**

   正當性的要求並不是到哪裡都通用的，它必須接受不同的合作夥伴類型和在每個新環境中的檢驗。當合作夥伴類型或環境發生變化時，該要求就有可能受到質疑。

2. **當你擴大價值主張，你現有的合作夥伴會繼續接受他們目前的角色嗎？**

當環境發生變化時，合作夥伴的參與理由也會發生變化。在某個領域當追隨者可能比在其他領域時更容易接受。

若對問題一和二都明確表示「是」，這是一個很好的指標，表示你的擴張方式能夠維持你目前的協調結構，可以預期領導力會持續下去。例如，蘋果憑藉iPhone建立領導地位，對作業系統和硬體的控制權，使它有資格向應用程式開發者和其他參與者發號施令，不僅針對手機的價值主張，而且針對平板電腦和可穿戴裝置。這兩個問題的答案都是明確的「是」，這使得我們看到順利的擴張。

對任何一個問題有「否」的回答，表示角色將面臨競爭，需要重新獲得領導權，而不是想當然地認為會有領導權。請注意，由於「是」和「否」的答案會因合作夥伴而異，這些問題可以同時為你的角色選擇和夥伴選擇，提供資訊。

問題一和問題二對你默認的追隨者進行了測試。對於新的合作夥伴（問題一），需要防止過度自信，這種自信是建立在對主張共同感到興奮之情上的。這裡的關鍵障礙很少是努力的價值，而是關於誰將調整誰的基本辯論。由誰來制定速度、方向和規則？當所有相關人員都認為答案是「我」時，我們就會看到在美國行動支付鬥爭中缺乏進展的特徵。

對於現有的合作夥伴（問題二），由於習慣帶來的期望，導致源於興奮的過度自信進一步加劇。這是行動支付中本位系統挑戰的癥結所在，雖然零售商和銀行願意在應用程式讓他們更能與消費者聯繫的情況下，扮演自願的追隨者，但當主張從連線便利轉向財務營運時，他們便不願意放棄領導地位。

所有的領導者都喜歡認為他們的追隨者是樂意的。然而，即使是快樂的追隨者，也可能很容易想像另一個世界的形象，在那裡他們才是掌權的人。與新合作夥伴相比，認為現有合作夥伴更有可能屈服於「當然的」領導權，這是一種錯覺，也因此，防範這種傾向更為重要。

這對你意味著什麼？

不同的成功之路：中國的行動支付

與美國的進展困難相比，在中國行動支付已經徹底改變了支付方式。這種比較很有啟發性，因為差異不僅在於背景，還在於領導策略。在美國，舊的技術生態系背景是既有的信用卡支付系統已經普遍存在，為消費者和商家提供了高度的便利，並提供了一連串強大的進一步擴展機會（根據我們第四章的分析精神）。一個關鍵的區別是信用卡在中國還沒有紮根，現金交易的生態系性能低（便利性和安全性差），沒有提供加強創新的擴展機會。由於中國的環境基本上是一張白紙，因此沒有合作夥伴對延續之前角色提出質疑的問題（也就是說，因為沒有反對的情況，試金石問題二的答案為「是」），因此建立領導力完全取決於創造新的協調結構（讓試金石問題一的答案為「是」）。

有鑑於此，把以前從不是生態系的參與者聯繫起來，成為合作夥伴的方法極為重要。我們可以看到，試金石問題一的答案取決於問題是由誰提出的。在中國，既不是由手機製造商也不是由傳統零售商主導。相反的，是由阿里巴巴（電子商務領域的既有領導者）和騰訊（簡訊領域的既有領導者）在他們自己並行的生態系建設過程中，發揮領導作用。他們在行動支付方面的成功是由生態系的傳遞和階段性擴張所推動的。對於阿里巴巴來說，客戶想要替代貨到付款的方式，這促成支付寶的出現，這是把錢存入單獨帳戶，來提供資金的數位錢包，實現一種可信賴的購物付款方式。對於騰訊來說，這是一種點對點的方法，在其微信支付簡訊系統的使用者之間轉帳。階段性擴張意味著讓愈來愈多的第三方線上商家和服務能夠有參與機會，並最終透過使用應用程式產生的二維碼，進入實體商業世界，這些二維碼可以用對方的智慧型手機攝影機掃描，並且不需要商家的大量投資。

這正是按照我們在第三章中討論的路線，我們看到這兩家中國巨頭公司，運用各自的初始生態系地位，建立立足點，然後階段性建立他們在行動支付領域的領先地位。對於試金石問題一回答「是」的那一方，這是獲得領導力更有效的方式，而不是要求所有人一下子就在尚未建立的生態系中，加入追隨者行列。事實上，對於阿里巴巴和騰訊來說，行動商務不是終點，而是邁向更廣泛服務更大旅程的一步。

要想在進入新的領域時，對自己的持續領導力有信心，你必須確信試金石問題的兩個答案都是「是」。

但如果你的情況不是這樣呢？

生態系贏家的等級

選擇是由所提出的替代方案來決定的。如果我們預設生態系領導的角色，這是本位系統的陷阱，我們會排除對追隨者的考量，從而使我們的替代方案變得貧乏。對於那些在傳統產業背景下長大的人來說，嘗試成為領導者總是說得通的：成為產業領導者會帶來極大的自豪感和龐大的利潤。在社會等級制度中，領導者和追隨者轉化為贏家，雖然不完全是輸家，但絕對有挺不錯的好處可以分到一杯羹。在產業中，領導力是明智的追求，因為即使你沒有實現目標，你和你的組織也會變得更好、更有競爭力。競爭對手可能在目標指標（市佔率、利潤、營業利益）的細節上有所不同，但他們都在追求相同的大致目標，因此每個人都應該努力領先，這是合理的。

生態系是一個不同的賽局。生態系的領導者和追隨者完成價值創造拼圖的不同部分。在成功的生態系中，沒有贏家和輸家，只有以不同方式受益的合作夥伴。相比之下，在不成功的生態系中，只有失敗者。在生態系中，領導力的失敗是合作夥伴協調的失敗，這是價值創造的失敗。這意味著失敗不會獲得安慰獎。你不會因為努力而變得更好，簡單說你就是失敗了。

缺乏協調並不妨礙合作，因為有無數的試驗性計畫在沒有明確角色的情況下，已經啟動並成功。說得更確切一點，缺乏協調卻會阻礙大規模的合作。試驗性計畫可以在不明確的情況下蓬勃發展，但在角色確定之前，不可能分配在商業規模上取得成功所需的資源。生態系中的商業發展噩夢，不是無法達成交易和開始；而是開始了，卻沒有任何進展，這時殭屍計畫陷入試驗地獄。

由於這些原因，生態系與我們在更傳統的環境中看到的贏家等級會有所不同（圖5.2）。

第一層：頂層是成功生態系的領導者，一點也不奇怪。這些公司設法協調他們的合作夥伴到相互同意、連貫的立場上。他們的合作夥伴接受在活動和交易結構方面管理合作的指導和護欄，因為他們看到追隨會讓他們身為追隨者變得更好。領導者在時間和資源上進行早期投資，以實現這種協調，並且通常會從整體收益中獲得極大的部分（想想擁有iPhone的蘋果公司）。

圖 5.2
生態系贏家和輸家的等級並不是根據領導者和追隨者來區分。

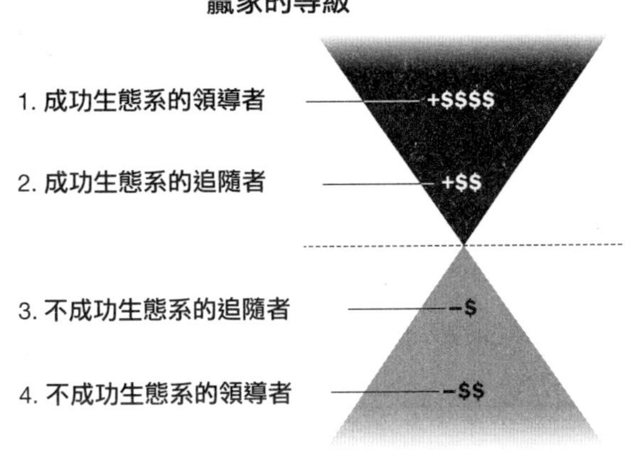

第二層：排在第二層的是成功生態系中的追隨者。他們是體現價值主張能力的貢獻者和受益者。他們在生態系內的合作，使他們能夠創造和捕捉原本不可能實現的價值。在生態系中的追隨者並不一定意味著規模小、影響力小或野心小，它只是表示默認遵循其他人的設計。想想那些從Spotify的努力中獲利的唱片公司。

對於習慣於在自己的產業和合作中扮演主導角色的公司來說，擁抱追隨者的角色，可能是一種管理和文化上的挑戰。然而，當合作夥伴跨越產業界限時，尤其是當多個合作夥伴在他們自己的產業佔據主導地位時，釐清角色的問題就極為重要。追隨者收益的絕對規模通常（儘管並非總是）小於生態系領導者的收益。但同樣地，追隨者需要進行的投資也較少。這意味著，在成功的生態系中，追隨者的相對回報確實很有吸引力。

第三層：等級中的第三層是不成功的生態系中的追隨者。生態系可能會失敗，是因為它建立在沒有說服力的價值主張之上，儘管執行得很好，但對客戶卻興趣缺缺。然而，更多的時候，生態系失敗是因為無法在承諾的規模上，實現承諾的價值主張。正如我們在美國行動支付的案例中看到的那樣，如果不能實現合作夥伴的協調，意味著生態系的失敗。在這些情況下，追隨者會輸（例如，支持MCX的小商家），但由於他們的賭注較小，因此他們的損失也較小。

最低一層：最大的輸家是不成功生態系的領導者。這些公司的前期投資最多——金錢、時間、注意力、聲望。而當生態系無法聚集起來時，這些公司將面臨最大的帳面損失。這些損失由於被發現的方式是慢慢地，然後一下全部爆發出來，而顯得特別痛苦。

不成功的領導者：工業物聯網平台GE Predix

奇異電氣在工業物聯網（IoT）中的Predix計畫一開始就受到很高的期望。「奇異電氣將成為排名前十的軟體公司，」[15]時任董事長兼執行長伊梅特（Jeffrey Immelt）宣布，預計Predix到2020年的銷售額將達到150億美元。這家工業巨頭為其願景投資超過40億美元，[16]「使工業的企業無論要在哪裡營運，都能更快、更智慧、更高效地運作。」令人興奮的理由源於奇異電氣在自家內部噴射引擎遠端診斷方面的成功努力。事實上，在Predix之前，每次飛行的有用噴氣引擎資料大約為3.2KB，[17]基本上是基本飛行細節的記錄表。使用Predix，大約1 TB的資料可以變得有意義，即時追踪詳細的工程資料，來指導操作、維護和預測性維修。新的願景是擴展此功能，並創造外部生態系。伊梅特在宣布推出這個平台時說：「實現工業互聯網潛力的工具已經到位，可以為我們的客戶和奇異電氣提高生產力，我們愈能連接、監控和管理世界上的機器，我們就可以為客戶提供更多的見解和能見度，以減少計畫外的停工時間，並提高可預測性。」[18]

伊梅特強調這個機會的重要性，他補充說：「工業物聯網對奇異電氣和我們的客戶來說是雙贏的。我們的產品將提高奇異電氣的服務利潤，並促進工業自然地成長，有可能推動我們各行業每年節省多達200億美元。」這些陳述中缺少一個詞，標記著偉大的價值主張和成功的生態系之間的區別：合作夥伴。這種遺漏劃分依賴附加價值經銷商來販賣商品的服務業，與用結構化方式，協調合作夥伴來創造新價值的生態系。可以肯定的是，當像奇異電氣這樣的績優股公司發布重大消息時，每個人都會去注意，並且奇異與英特爾和思科等一流公司的關係在新聞稿中會被突顯出來。但我們已經知道，不應把試驗性計畫合作與大規模的夥伴關係混淆。奇異電氣的數位結構長在2016年闡述該計畫：「我們將處理平台方面，以及把資料整合在一起的問題；你帶來你的才華，並建立整個生態系。」[19]

邀約別人「你帶來你的才華」，並為我們建立我們的生態系，是我們所能找到關於本位系統陷阱的強烈警告。成功的平台是要靠建立起來的，而不是可以直接推出的。缺乏明確的MVE和階段性增加合作夥伴的方法是一個訊號，表示協調是自行假設的，而不是經過計畫的。

對於既有的公司來說，與內部客戶發起新計畫的機會可能放大領導力的錯覺。這是一把雙刃劍，應該謹慎處理。從好的方面來說，內部客戶創造啟動規模和展現活動的機會。然而，風險在於（1）內部客戶被視為市場需求的訊號，以為沒有偏頗；（2）內部客戶產生的業務被用作風險投資的營收來源，而不是用來吸引和協調早期合作夥伴；（3）服務和支援內部客戶的人為低門檻，掩蓋以服務和支援外部合作夥伴和客戶的方式，重新協調公司內部生態系的必要性。當我們在第六章探討微軟的雲端運算工作時，我們將重新審視這些緊張關係。

Predix是多麼容易陷入領導力的錯覺中，而這種錯誤的野心會帶來後果：領導地位的變化、一輪又一輪的裁員、反反覆覆出現出售旗下產業和成立衍生公司的消息，[20]以及嚴重的預期落空。[21]今天，Predix看起來更像是傳統的數位服務業務，而不是讓產業轉型的生態系。有鑑於奇異電氣後來的辛苦掙扎，我們可以肯定，其領導高層會為生態系夢想失敗損失的40億美元，本來應該能找到替代的用途。

放棄的矛盾

生態系在成功之前是不成功的。但只有當想成為領導者的人最終放棄時，生態系才會失敗。這是本位系統陷阱的痛苦表現：只要你願意為推展活動提供資金，你就可以支持自己成為領導候選人，無論你所需的合作夥伴認為你的候選資格是多麼不可能或不合理。阻止公司花冤枉錢的唯一困難，是銀行帳戶的限制，或者投資者的耐心。這兩個限制對於那些核心業務會補充大量銀彈的公司來說，是最沒有限制能力的，這就是為什麼我們看到同一組「常見的嫌疑公司」參與這麼多的生態系，但同時他們的進展卻很少。

大膽宣布領導新的生態系通常會雷聲大雨點小。當雄心壯志沒有策略的支援時，會消耗資源、分散注意力，並產生興奮和焦慮的混合，結果是混亂多於進步。

明智的創新者在承諾某個角色之前，總是會檢視在贏家等級中的全套選擇。他們知道在生態系中，擁有偉大的想法和適當的資源來執行是一個開始，而不是結束。如果你無法讓其他人與你的領導力聯合起來，你可以隨時離開，去追求另一個機會。但是，比起在你無法領導的情況下就這樣走開，更好的做法是找到方法，讓你的提議符合其他人的願景，把追隨者視為可以塑造的角色和可以贏得的勝利，並制定成功地追求勝利的策略。

聰明的追隨策略

避免本位系統陷阱，意味著接受領導力取決於追隨者的事實。對於潛在的領導者來說，重點是要防止以為自己必然有權力，並積極確保追隨者。但這對潛在的追隨者意味著什麼？

追隨與領導一樣具有策略意義，但規則不同。在新生的生態系中，是追隨者才擁有決定領導者的權力。然而，一旦領導者確立，並且系統安全，追隨者的權力就會減弱。聰明的追隨者會對這個影響力的出現，認真推敲一番，它是如何出現的，又是如何消失。他們也會知道角色不是永久不變的，知道他們擁有改變領導者的權力，並有可能自己奪取領導的任務。理解這些含義是聰明追隨者和幼稚追隨者之間的區別。

選擇適合你的領導者：電子書

在新興的生態系中，聰明的追隨者擁有獨特的力量：他們主動選擇支持潛在領導者，將生態系建立為商業規模的專案。因此，他們不同於那些坐在一旁等待不確定因素解決後再加入的公司，也不同於參與試驗性計畫，希望自己成為領導者的早期合作夥伴。追隨者提供支持，以增加特定領導者背後的動力。真正的政治是以權力換取影響力，這意味著聰明的追隨者會謹慎選擇他們的領導候選人，並仔細考慮他們想要的回報。

第一，堅持理解領導者試圖建立的價值結構。他們如何定義價值？他們如何看待你對主張的貢獻？它與你自己的願景和策略一致嗎？儘管生態系是一種協作，但每家公司都定義自己的生態系策略，其中包括對結構、角色和風險的看法。在不同的參與者中，這些策略可以是一致的，也可以是相互矛盾的。相關參與者之間策略愈是一致，他們的行動就愈有可能趨於一致，並取得成功。

第二，把試金石的問題應用到候選人身上。他們的領導對你來說很合理，但對其他需要的參與者來說，也同樣合理嗎？回想一下Apple Pay案例中的銀行，如果其他關鍵合作夥伴不願意，只有一位參與者願意跟隨是不夠的。早期聯盟中還有誰？你們將如何相處？

第三，在給予領導者寶貴的資源和可信度之前，聰明的追隨者會進行投資，以釐清領導者背後的目標和動機。你贏，他們就會贏嗎？他們贏，你也會贏嗎？兩個答案應該同為「是」。

電子書生態系就是一個很好的例子。亞馬遜和蘋果為了將圖書出版商吸引到自家的平台上，提供截然不同的選擇和限制。亞馬遜堅持給電子書設定固定的定價（最初是每本9.99美元，出版商認為價格太低），而蘋果非常願意讓出版商自己定價（如果你認為史蒂芬．金的小說價值1,000美元，蘋果也沒意見），所以出版商很喜歡蘋果提供的定價權。但蘋果對我們問題的回答充其量是模糊的。當然，出版商忽略的是，蘋果的利潤是由銷售硬體來驅動的，只要人們購買iPad，圖書銷售量為零對蘋果來說，也幾乎沒有影響。另一方面，亞馬遜的利潤是建立在內容銷售，對他們來說，硬體是用來招攬顧客的低價商品。儘管出版商和亞馬遜在定價問題上存在著分歧，但在推動購書方面口徑完美一致。事實上，相對於亞馬遜，蘋果數位書店銷售書籍的只是蘋果業績的九牛一毛，沒什麼可擔心的。[22]

塑造更大的賽局：電子病歷

聰明的追隨者不僅會考慮他們希望如何與領導者互動，還會考慮如何與其他追隨者互動。這就是最聰明的追隨者發揮最佳行動的地方，不是與領導者談判，而是為**其他**追隨者制定規則。美國醫療保健系統中的電子病歷就是最鮮明的對比。二十年來，IT產業一直在遊說讓美國政府不要參與電子病歷的討論，因為他們認為監管對企業不利。但是，在二十年來都未能說服醫院系統購買電子病歷的技術後，IT業的領導者們集體發現，他們沒有資格領導。醫療科技巨頭塞納（Cerner）和Epic兩家公司帶頭成為追隨者，成功遊說美國政府帶頭協調這個複雜的生態系。[23]對於醫療系統而言，採用這些系統的主要障礙是成本和醫生的反對，昂貴的IT系統需要大量的前置費用和年度服務費，而醫生擔心這些系統會給他們帶來資料輸入的負擔，會有這些擔憂是正確的。當然，正是這些資料和系統推動預防錯誤、流程效率、消除不必要測試的承諾，這些都是伴隨著高效數位化轉型的好處。

隨著2009年《經濟和臨床健康之健康資訊科技法》(*Health Information Technology for Economic and Clinical Health Act*,簡稱HITECH……沒錯,真的是這個名稱)的通過,美國政府開始正式負責。透過懲罰沒有採用電子病歷的廠商來實現IT廠商的目標,並透過補貼採用電子病歷的機構,來實現醫療系統的目標。總共撥出270億美元,以增加聯邦醫療保險Medicare和聯邦醫療補助Medicaid的形式,用於「有意義地使用經認證的電子病歷系統」。[24] 2015年,當那些沒有「有意義地」採用電子病歷(持續更新診斷、監測藥物的相互作用和訂購處方箋的數位記錄)的廠商看到他們的款項被削減時,這些補貼獎勵就變成懲罰。[25]當追隨者的行為受到約束或微管理時,沒有追隨者會高興的,儘管所謂的有意義使用對醫院來說是有點討厭,但並沒有繁重到會讓協調破局,畢竟,他們有270億元的理由可以找到共同點。

關鍵在於:醫院同意遵循,他們要求得到經濟補償作為回報,他們與領導者就條件進行談判,這是追隨者的一種天真方法。另一方面,IT公司則參與一個更聰明的賽局。他們不僅與領導者談判,以獲得有助他們銷售的經濟援助;他們還就有意義用途的內容項目,進行談判,這不是強加給領導者,而是強加在其他追隨者的行為上。他們在規則仍然可以制定時,塑造生態系的長期治理。高招啊。

在協調和協議仍在談判的時機中,醫院原本可以提出一套互惠的要求，例如，堅持跨電子病歷系統的可相互操作標準。IT廠商反對這個想法的原因很明顯，因為它會增加開發成本和廠商之間的競爭，但這可能不會破壞交易，因為他們也有270億元的理由來同意。然而醫院並沒有堅持，至少在協商完成和法案通過之後才堅持。等他們這樣做的時候已經太晚。規則已確定，協調的結構已就位……再過十年，可相互操作方面的重大推動才有機會再次獲得關注。[26]

這是追隨者版本的本位系統陷阱：好像賽局只在他們和領導者之間進行，而不是對生態系中的其他參與者進行廣義的定位。就像沒有人會阻止你在追求無效的領導力過程中花冤枉錢，也沒有人會強迫你在有機會發揮槓桿力量時，運用聰明的追隨者角色。

角色不是永久的：個人電腦

隨著生態系的成熟、新追隨者的加入、相互作用模式變得常規化，以及隨便哪名單一貢獻者的退出都不會威脅到集體的生存能力時，追隨者的力量就會消退。但追隨者的身分仍然是一種選擇。而當多名追隨者對選擇提出質疑時，他們會重振自己的力量。這可以透過在領導層面上促進競爭來減少領導者的權力，或透過精心設計的角色翻轉來實現：追隨者為自己奪取領導權。

在第二章音樂串流媒體的背景下，我們在檢視Spotify與蘋果的競爭時，已經看到引入領導者的對手，來挑戰領導力的例子。促使Spotify崛起的是各大音樂公司，他們覺得蘋果透過iTunes Store合法發行數位音樂的頑強領導地位，讓他們受到不公平的對待。音樂專業人士同意打破長達一個世紀保護他們的知識產權的方法，並將他們可銷售的產品重新定義為串流媒體，這個大躍進令人震驚。如果他們當初覺得獲得蘋果領導層更多的支持，他們接受Spotify激進想法的可能性就會大幅降低。

追隨者也可以罷免領導者。當IBM在1981年推出個人電腦時，標誌著數位時代的商業起頭，把運算能力從企業的IT專業人員和技術愛好者手中，直接轉移到大眾的桌機上。為加快個人電腦的發展，IBM邀請微軟和英特爾提供MS-DOS作業系統和微處理器，幫助推動電腦的發展，在當時這是兩家規模小、沒有威脅性、懷抱熱切心的追隨者。儘管IBM可以自行開發這些元素，但IBM的領導者選擇依靠外部合作夥伴來加快進度。相反的，IBM控制管理電腦內資訊移動的BIOS（basic input output system，即基本輸入輸出系統），從而控制價值創造。當時IBM的領導地位穩固，微軟和英特爾對他們的追隨者身分感到滿意。

事實證明，IBM對BIOS的控制是脆弱的。競爭對手在幾年內對這些通訊方式進行逆向工程，推出「100%相容」規格的BIOS電腦，運行微軟的MS-DOS作業系統和搭載英特爾的處理器。除了逆向工程之外，關鍵的促成因素是微軟最初決定以8萬美元的價格向IBM出售MS-DOS的永久使用權，IBM可以在自家的電腦上預裝MS-DOS，但卻沒有獨家的使用權。這在當時是一個大膽的選擇，正是這種靈活性讓微軟從IBM的BIOS相容規格中受益。[27]

然而，直到Windows的出現，微軟才成為與英特爾合作的明顯領導者。正是在這個時候，當相關的相容性發展過程從「IBM相容」轉向「Windows搭載Intel」時，個人電腦生態系的領導地位明顯發生變化，軟體開發商、電腦組裝商和週邊設備製造商都追隨由微軟和英特爾二家公司所設定的方向和速度。

微軟的創辦人蓋茲在闡明他堅持保留向其他公司出售軟體的權利時，他解釋的理由是：「電腦產業在大型主機方面的啟示是，長期下來人們將建造相容的機器。」[28]英特爾展現出這樣的雄心壯志，其執行長葛洛夫（Andy Grove）指出，「熱力學定律適用於電腦產業，意味著所有東西最終都會被商品化。葛洛夫的定律是最後一個被商品化的東西獲勝。」[29]這裡的追隨者比單純的追隨者更有野心。

生態系領導與本位系統領導

在生態系中成功需要克服本位系統的陷阱。行動支付、Predix、電子病歷和電腦作業系統的案例都顯示，理解和制定角色和結構策略的重要性，不僅是為自己，也是為那些你要成功所依賴的合作夥伴。

聰明的領導力，意味著永遠不要假設你自然會有領導權。領導力的試金石是建立和維持追隨者的能力，需要非常清楚你何時在現有的協調結構中運作，以及何時必須建立協調，也就是了解擴展現有生態系與建立新生態系之間的區別。這也意味著不要太狹隘，以至於領導者是你唯一可以想像的角色。

聰明的追隨意味著廣泛的思考，追隨者透過在別人的結構保持協調，來獲得他們的地位，從這種選擇的靈活性中獲得勢力。然而，擁有勢力，並不等於明智地行使勢力。追隨者策略應該運用追隨者角色的勢力，讓領導者達成協調。聰明的追隨者了解，這種勢力會隨著生態系的成熟而消退，而創造新的選擇可以抵消被別人視為理所當然的風險。

這裡對潛在領導者的啟示是，必須贏得追隨者，然後**再重新**獲得他們的支持。持久的領導力取決於保持警惕、心存感激、不把任何事情視為理所當然，並保持謙虛。說起來容易，做起來難。正如我們將在下一章探討的情形，持盈保泰更難做到。

第六章

領導生態系的思維：協調與執行

每個人都必定是自己人生故事中的主角。

——小說家巴斯（John Barth）

偉大的策略是很棒的開始，但要實現任何事情，最終還是要取決於個人，亦即選擇接受挑戰和領導機會的個人，以及選擇或不選擇跟隨的個人。

在現實生活中，策略和領導力是密不可分的。但在企業規劃會議上，就像在MBA課堂上一樣，策略討論往往會迴避個人領導力的問題。之所以出現遺漏，不是因為策略家認為個人不重要，而是因為他們給出的建議非常籠統，像是：「找到更好的領導者。」

生態系策略需要在個人層面考慮領導原則，這一點極為重要，因為「找到更好的領導者」並不一定是正確的建議。相反的，我們將看到**不同的生態系環境，需要不同類型的領導力**：跑得更快的人對你的游泳隊沒有幫助；游得更快的游泳選手對你的田徑隊也沒有幫助。

在本章中，我們將研究在成熟生態系中發揮領導力所需的執行思維，與在新興生態系中建立領導力所需的協調思維之間的矛盾。無論你的目的是選擇領導者、在領導者手下工作，還是把自己經營成領導者，都很需要了解如何管理這些思維方式，與你在生態系週期中定位之間的配合。

駕馭這些轉變需要在領導者個人、組織和董事會治理的層面上權衡得失。微軟在執行長鮑爾默（Steve Ballmer）及其繼任者納德拉（Satya Nadella）的領導下，這家公司發展歷程的演變清楚地說明，為什麼這種轉變如此容易被誤解，以及我們可以採取哪些措施，來有效地管理這些轉變。在本章的結尾，我們將探討駕馭內部生態系的影響，以及組織中非執行長所面臨的挑戰。最後，我們將考慮這對領導層的轉變和組織轉型的意義。

然而，首先我們必須確定領導力挑戰的差異。

沒有權力的結盟

我們的正式領導模型是在層次結構中運作的，所以會有呈報的結構、組織結構圖，以及由某個領導者居高臨下的系統。

即使是發展最初期的新創公司也清楚知道誰是執行長，誰不是執行長。

每位管理者都了解，要在這種正式結構之外完成工作，跨越他們無法直接控制的隸屬關係和穀倉效應是一種挑戰。而且每個人都被建議要在沒有權力的情況下，在組織內部尋找發揮影響力的方法。但暗地裡大家知道某處有一個老大，他確實有權力，最終你和你的對手都要向他交代；你可以拉動緊急開關，並把問題向上級提出。你不喜歡這樣做，老大也不會喜歡，但如果有需要，這個機制就在那裡，只需打破保護蓋的玻璃，拉下控制桿。

生態系中的協調與組織內的協調不同，因為沒有人擁有壓倒一切的最高權力：[1]

- 在組織中，如果管理層批准你的計畫，與你做類似工作的人就不能拒絕。在一個新興的生態系中，合作夥伴可以直接拒絕你，甚至在中途拒絕你，讓一切努力付諸流水。
- 在一個組織中，如果由於缺乏合作而導致計畫無法實現，那麼每個人都會同樣地看起來很糟糕。在新興的生態系中，失敗的代價包括金錢和聲譽，會因為你是誰而有差異。
- 在組織中，人們簽署正式的角色並接受他們在組織結構圖中的職位。在新興的生態系中，潛在的合作夥伴可以對你的領導力提出異議，並將聯盟轉向你所不同意的方向。

而且，也沒有更高的權力可以讓你去申訴。

公司優先與聯盟優先

在第五章中，我們看到在新興行動支付生態系中，由於結構和角色的競爭，想當領導者的公司彼此爭奪領導地位的後果。我們看到在各自的產業內，蘋果和沃爾瑪如何處於食物鏈的頂端，他們的領導人習慣於在各自領域內行使權力。但是，當他們需要一起推動新的價值主張時，沒有人願意接受追隨者的角色。結果是十年來不協調的活動、無效的投資和未兌現的承諾，削弱所有相關人員的價值創造潛力。

執行長在其組織的內部生態系中，好比皇室成員，享有等級制度的尊榮。但是，企圖獲得其他執行長加入聯盟的執行長，好比出行拜訪不同王國的君主。在自己的組織內，採用僕人式領導方法的執行長會表現出關懷和謙遜，來激勵下屬。但這種僕人式領導只有在你有權做出犧牲時才有意義，可是你在自己的組織之外是沒有這種權力的。因此，成功的企業領導者要辛苦地協調新生的生態系，因為他們在那裡沒有權力，也就不足為奇。這裡的指導規則必須從權力轉向外交。

我們通常，而且當之無愧地，把那些將組織的福利置於自身利益之上的領導者視為榜樣，因為能夠激勵他們的團隊獲得新的成就。但在新興的生態系環境中，「我的組織優先」的方法可能會使潛在合作夥伴望而卻步，因為他們會擔心自己的利益得不到保護。

在協調新興生態系的背景下，本章開頭的引言：「每個人都必定是自己人生故事中的主角」，具有獨特的意義。建立領導力意味著引導獨立的合作夥伴，朝著你選擇的目標前進，同時讓他們感覺，他們仍然是自己故事中的主角。創造這樣的環境需要同理心：理解和分享他人感受的能力。在個人層面上，同理心是關於有同樣的情緒；在策略層面上，它是關於有同樣的觀點。同理心是理解獲勝對你的各種聯盟夥伴的意義之關鍵，因為其他夥伴可能會針對不同的最終目標，而進行不同的賽局，因此創造各種可能性。這是找到雙贏解決方案的先決條件，使各方能夠融入定義成熟生態系的穩定協調結構。

在新興生態系中建立領導地位，必須優先保護他人的價值創造。有些領導者的能力和身分，與最大化自己的組織價值連結在一起，對他們來說，新興生態系是具有挑戰性的環境，這種尚未協調的背景有賴精心打造並鞏固聯盟。

我們應該考慮這兩種思維方式，即專注於執行和專注於協調，不是哪一種更好或更壞，而是哪一種更適合或更不適合不同的環境。擅長其中一種思維方式的領導者，或者其經驗和成功源自於其中一種的領導者，可能會發現很難轉向另一種思維方式。事實上，這些模式之間存在著很大的矛盾。在結構清晰的情況下，關注重點和組織支持是一種資產；但在結構需要被建立時，同樣的關注重點和組織支持就會變成一種負擔，近期的得失權衡就必須轉向對更廣泛的聯盟的支持。

領導的思維必須配合生態系的週期

在新興生態系內達成協調之前，公司的策略重點是建立相互作用的結構，以實現他們的價值主張。領導力的挑戰在於，要在你創造價值所需的合作夥伴之間，促成大家對規則和角色達成共識。

在協調一致後，策略重點轉移到談判結構內的交換條件和優勢；領導力的挑戰則轉移到已建立的生態系範圍內的執行和管理。成功的必要條件是追求協調，且貫徹執行，若達不到要求，結果就是浪費潛力，令人惋惜。

請注意，在既有的生態系範圍內可能會有大量的成長。當領導者討論「推動成長的飛輪」時，他們通常指的是透過成熟結構內的正面回饋循環推動規模。例如，沃爾瑪廣為被人效仿的循環：**低價銷售→增加銷售額→低價營運→低價收購→低價銷售→……**。此外，新價值主張也可能有重大的創新，加強既有生態系，例如從iPhone到iPad再到Apple Watch的協調結構。

公司可以在特定的生態系內成長和茁壯一段很長的時間，但是如果他們的雄心轉向追求需要新合作結構的成長，例如行動支付，他們將面臨跨越生態系界限的挑戰，並且需要有重新協調的思維。

圖6.1說明這個生態系週期，以及不同階段相關的挑戰：最初的障礙需要把新興生態系中不協調的參與者，轉變為我們認為是產業和平台那樣穩定、內嵌結構的交換模式，這需要協調的思維。在結構建立之後，挑戰轉移到在現在成熟的環境中管理成長，無論是透過規模的擴大，還是價值主張的擴展，這需要轉變為執行的思維方式。

從生態系一跨越到生態系二，可以由公司自身的擴展動力推動。在這種情況下，第一個生態系可以繼續蓬勃發展，例如即使智慧型手機成為另一個機會，個人電腦仍然是一個大市場。此外，由於外部因素破壞現有的生態系，例如Google顛覆TomTom在個人導航設備市場中的地位，公司可能被迫轉型。在這種情況下，生態系一的生存能力受到質疑。最大的不同在於，在第一種情況下，如果你試圖推動變革但卻失敗，你只會失去成長的機會；在第二種情況下，變革是從外部強加的，如果你不能設法熬過轉變，那麼你將面臨永久的衰退。[2]

請注意，如圖中虛線所示，傳統的多角化需要直接進入一個已經協調好的既有產業，例如微軟進入遊戲機產業，我們將

圖 6.1
生態系的出現和成熟週期，以及與週期每個階段相關的領導力挑戰。

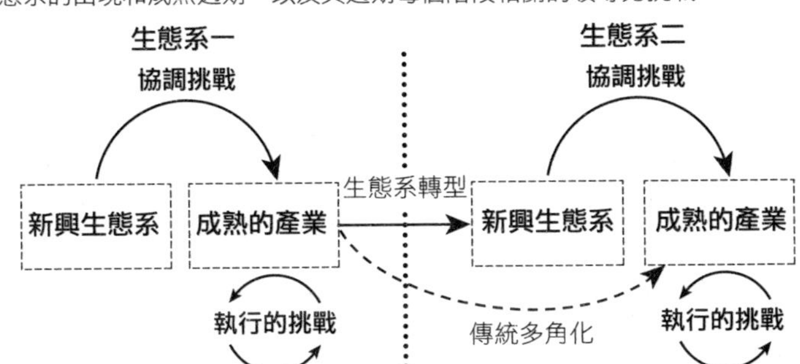

於下文討論。在這裡，新市場的成功取決於執行的思維方式，就像在任何成熟的環境中一樣。

在微軟執行長鮑爾默和納德拉的領導下，我們可以看到這些階段的差異以及領導思維造成的緊張狀況，都表現在微軟的業務與他們兩人的領導歷程一同演化。

微軟的領導歷程：鮑爾默和納德拉

鮑爾默於2000年1月13日成為微軟的執行長。在他14年的任期內，他把公司的年收入增加二倍，達到780億美元；利潤增加一倍多，達到220億美元，奠定微軟作為全球最大軟體製造商的地位。鮑爾默是公司的第30名員工和第一位業務經理，他對微軟、員工、開發人員和更廣泛的生態系的奉獻堪稱傳奇，想像著世界上最強大的科技公司的執行長在大會上汗流浹背，為大夥加油。[3]鮑爾默在回顧他的任期時，總結說：「我的一生都獻給了我的家庭和微軟。」[4]這就是奉獻的精神。

然而，儘管有如此客觀的市場成就，微軟的市值從他接任時的6,040億美元，下滑到2013年8月他宣佈退休前的2,690億美元（他於2014年2月正式卸任）。在他離職的消息傳出後，微軟的股價上漲7.5%，[5]媒體大肆宣揚鮑爾默「失敗了」。[6]圖6.2和6.3之間的對比驚人：雖然鮑爾默的執行才華為核心業務帶來顯著的收入成長（圖6.2），但停滯不前的股價說明，華爾街對他領導微軟能否出現蛻變的成長感到懷疑（圖6.3）。

在鮑爾默的領導下，微軟在個人電腦和伺服器領域獨佔鰲頭，但卻錯過智慧型手機革命、平板電腦革命和雲端革命。這家領先的科技公司怎麼會看不到這麼多關鍵的轉變呢？它的視野怎麼會如此狹隘，以至於毫無作為，而其他人卻發明如此強大的未來產品？

答案：微軟沒有坐視不管，事實並非如此。

鮑爾默在2000年接任執行長時，他大膽宣稱：「我們有一個難以置信的機會……來徹底改變網路使用者的體驗。」[7]鮑爾默的願景：在未來，微軟的軟體是智慧家居的中心，是行動裝置的作業系統，是數位醫療的核心，而這僅僅是個開始。他將監督各種消費裝置的推出，進行重大收購，並大膽投資。2010年，經過三年多的開發，微軟推出Windows Azure，這是該公司在雲端計算的投注。「對於雲端計算，我們全力以赴，」

圖 6.2
微軟 2000-2020 會計年度的全球年度收入。

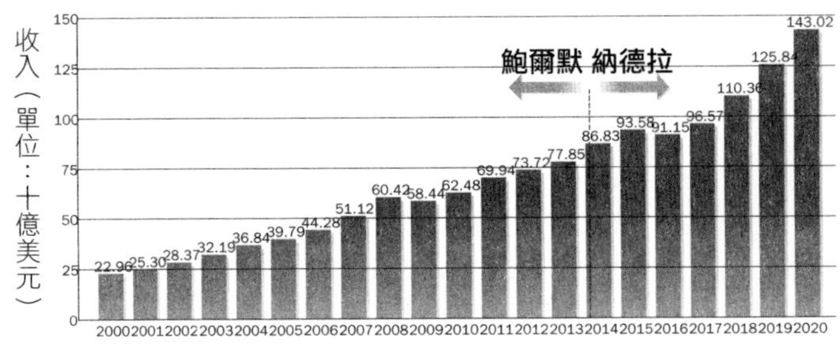

圖 6.3
微軟股價。

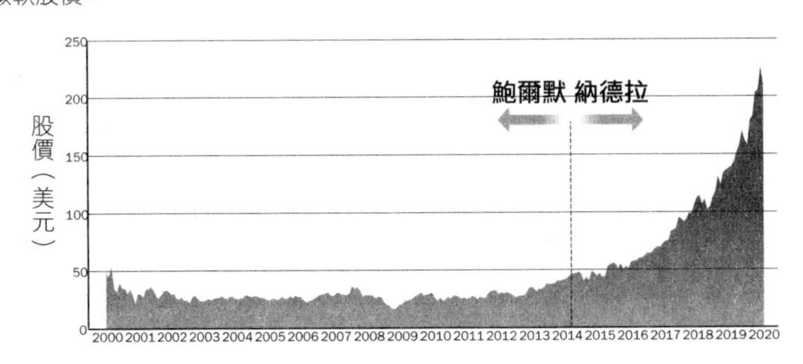

鮑爾默說，「雲端為微軟提供動力，而微軟為雲端提供動力。我們在全球有40,000名員工在開發軟體，大約70%的人正在做專為雲端設計的工作。」[8]他投資數百億美元，來推動這些激勵人心，且準確的未來願景。

然而，在他的監督下，這些努力大多都失敗。但不是因為缺乏遠見、決心、熱情或資源。相反的，是因為未能將實現這些願景所需的生態系給協調一致。有鑑於微軟在個人電腦生態系中壓倒性的成功，這種失敗似乎令人驚訝，但正是這種成功使人們相信，在微軟的每一個其他生態系中，Windows是會追求的想當然基礎，而微軟應該是會追求的想當然領導者：本位系統陷阱就顯現出來。

生態系的成功帶來本位系統的挑戰

在第五章的結尾，我們看到微軟在個人電腦生態系中從追隨者到領導者的轉變，蓋茲運用Windows作業系統的優勢，把IBM從其領導地位上給擠下來。微軟的力量只會從那裡增加，因為它成為由開發人員和附加價值經銷商組成的龐大生態系的關鍵，這些人推動蓋茲「每張桌子上都有一台電腦」的願景。

鮑爾默擴大這個領先優勢，推動微軟進入網路時代，並透過Windows Server、SQL Server和SharePoint打進企業市場。在這裡，我們看到在定義電腦生態系的協調結構中，出現驚人的成功擴張。每走一步，微軟的領導地位得到進一步的認可和加強。

領導地位很難獲得，但很容易適應。由於過於理所當然，領導地位很容易被濫用，正如美國政府在2001年對微軟的反壟斷案中所指出的那樣，微軟偏袒自己的網路瀏覽器，而不給競爭對手的瀏覽器機會。[9]但是，比政府代表競爭對手的控訴還更根本的問題，是潛在合作夥伴的猶豫。

微軟是一個頑固的領導者，它積極追求成長，這對於擴大電腦市場極為重要，從而為所有參與者擴大潛在市場。但微軟透過把新功能綁定到其主導的平台上，來「包圍」軟體競爭對手的產品，並透過成為相容性的仲裁者，使硬體供應商的地位商品化，微軟這種種的歷史令其他市場領域的潛在合作者感到反感。[10]事實上，在鮑爾默的領導下，微軟在其電腦生態系堡壘之外踏出的每一步，幾乎都受到其他人的猶豫或敵意，所以在引領軟體革命進入新環境時，微軟的努力就以失敗收場。

Xbox——多角化與轉型

在鮑爾默統治下，微軟在電腦生態系之外的一個成功案例是Xbox遊戲機，可幫助我們了解其他地方的失敗。面對由索尼和任天堂主導的遊戲機市場，微軟在2001年推出Xbox時，開發自己的硬體，為獨有專營權而收購遊戲工作室，其中最著名的是第一人稱射擊遊戲的《最後一戰》系列（Halo），並吸引獨立的遊戲開發商。據傳，微軟在Xbox推出的前四年，為推動Xbox系列遊戲機成為前幾名的市場競爭者，投資虧損超過37億美元。[11]在這方面，微軟成功了：到2006年，微軟已售出超過2,400萬台原始Xbox。在這樣的背景下，好幾代的遊戲機（Xbox 360、Xbox One和Xbox Series X）、硬體（如感應動作的設備Kinect）和線上服務（如Xbox Live）仍在繼續創新。

然而，在不削弱Xbox成功背後的英勇努力基礎上，我們可以看到微軟在這裡的核心挑戰不是協調新的生態系，而是複製現有的範本，並在其中進行管理。Xbox的推出不是生態系的創新，而是多角化的行動，就像後來用Surface系列平板電腦進入電腦硬體領域一樣，微軟做得很好，增加產業競爭，但並沒有改變賽局規則。

與微軟在手機領域的努力相比，他們進入成熟產業和協調新興生態系之間的差異變得明顯。微軟自1996年推出Windows CE以來，一直致力於贏得行動裝置運算的未來。Windows CE作為針對低記憶體設備（與電腦相比較低）優化的作業系統，裝載於個人數位助理（PDA）、電視機上盒、平板電腦，後來又轉變為Windows Mobile和Windows Phone的軟體平台，這個作業系統的定位是與蘋果的iOS和Google的Android競爭。

從傳統角度來看，微軟在智慧型手機領域面臨的條件與遊戲機領域並無二致：市場上已經有既有的領導者；需要推動吸引軟體開發商的正面回饋循環，以吸引使用者，然後吸引開發商，如此循環下去；以及已經有明確的產品規格比較。而且微軟有能力，並且願意花費大量資金，來在遊戲機領域建立地位。

當然，關鍵的區別在於遊戲機市場的結構、角色和領導地位都是明確的，也是公認的：遊戲機製造商領導著各自的生態系，零售商銷售主機，軟體製造商遵循這種領導，只要遊戲機公司看起來有前途，或願意保證努力會得到財務回報，軟體製造商就很樂意為遊戲機開發遊戲，所以這是一個可以用錢解決的協調問題。

相比之下，智慧型手機帶來更為複雜的合作夥伴協調挑戰，因為合作夥伴是手機製造商、電信業者、大量軟體（應用程式）開發商，多方扮演多種角色，並各自有所成就或夢想成為領導者。由於Windows Phone只能吸引二線手機，鮑爾默感到沮喪，[12]他說服微軟董事會允許他在2013年以72億美元的價格收購諾基亞的手機部門。雖然推動Windows Phone的一些努力，例如Lumia系列手機受到熱烈的評價，但由於缺少關鍵軟體應用程式，注定微軟手機在消費者採用方面的失敗，例如Google拒絕為Windows Phone平台開發YouTube應用程式。微軟作業系統事業部的企業副總裁喬北峰（Joe Belfiore）在推特上用一個皺眉的表情符號寫道：「我們已經非常努力地吸引應用程式開發商，也付了錢，設計了應用程式……但使用者太少，大多數公司都不願意投資。☹」[13]對於像Google這樣的巨頭來說，由於微軟自己當時拒絕設計其關鍵應用程式的版本，尤其是設計在Android（或iOS）上運作的Office套件，因此現在反過來被別人拒絕，也就很容易理解。

相同的使命，不同的思維

鮑爾默有遠見卓識，看到跨越眾多生態系的正確可能性。但他的思維方式更適合管理這些生態系，而不是採取必要的第一步來協調生態系。

2013年，鮑爾默宣布一項名為One Microsoft的新策略，把公司轉向更大、更廣泛的價值創造目標：

今後，我們的策略將專注於為個人和企業創造一系列裝置和服務，讓全球各地的人們在家中、在工作中和在行動中，能夠從事他們最重視的活動。[14]

鮑爾默在微軟的職位由納德拉接手，這給我們對比的研究機會，不是因為後面的繼任者是「更好」的領導者，而是因為他所追求和推算的方法和思維方式，更適合生態系協調的任務。讓我們看看納德拉在2015年發表廣受讚譽的使命宣言，並加以比較：

我們的使命是幫助全世界的每個人、每個組織，都能有更多的貢獻、有更大的成就。[15]

就既定的目標而言，微軟的使命是賦予人們力量，這兩份聲明幾乎相同。但是，實現該目標的方式，卻有著天壤之別。對鮑爾默來說，實現的方式是透過微軟自家的裝置和服務。但對於納德拉來說，方式是……不限定的，是開放的。而正是這種開放性，才是微軟在他領導下轉型的關鍵。

納德拉沒有採用「微軟優先」的方法，而是優先考慮價值創造，並明確表示微軟不能（因此不應該）一直試圖在所有地方、一直都處於領導地位。「我們必須面對現實，當我們擁有像Bing、Office或Cortana這樣優質的產品，但其他人以他們的服務或裝置，創造強大的市場地位時，我們不能坐視不理。」[16]納德拉打破微軟長期以來的禁忌：他接受開源軟體運動，並開放介面，並與競爭對手的平台進行整合。

納德拉的早期措施之一，是推出適用於蘋果iOS的Office套件，這是他在2015年顧客關係管理大廠Salesforce的Dreamforce年度開發者大會上發表的聲明。此舉的意義實在太重要了，因為微軟的執行長站上以前主要競爭對手的舞台（微軟推出Dynamics CRM顧客關係管理軟體，是為直接與Salesforce一較高下。在鮑爾默的時代，公司內部把Salesforce視為「敵人」），拿著非Windows的手機，討論平台之間的整合。[17]這是明確的證據，證明他所宣稱的新合作時代將得到行動的支持。[18] Salesforce創辦人兼執行長貝尼奧夫（Marc Benioff）在評論這個變化時指出：「以前，我們無法與微軟合作。薩提亞打開一扇關閉的門，一扇被上鎖、並被層層阻撓的門。」[19]

2017年，納德拉擔任執行長還不到三年，就出版一本書，試圖重新定義微軟的文化和價值觀，此類做法通常透過備忘錄和公司全員大會在內部進行交流。納德拉的這本書和精心策劃的巡回簽書會，目的是與微軟的客戶和合作夥伴進行**外部**交流。這本書部分是傳記，部分是管理哲學，只有部分是技術路線圖。這本書建立納德拉身為一名腳踏實地居家男人的名聲，對人關懷、為人謙遜、開放，最重要的是有同理心。納德拉指出，「我是新面孔這個單純的優勢，讓累積已久的態度得以轉變。沒有歷史的包袱，讓我比較容易推倒不信任的高牆。」[20]的確，書名《刷新未來》就是他的明確宣言，彷彿在說：「我與之前的執行長不同，我將領導的微軟也會不同。」正因如此，這本書完美地展現生態系領導力的矛盾之處：一位謙遜的領導者在宣傳之旅中，宣揚同理心和謙遜的思維。這並不是在譏諷。相反的，有必要幫助那些膽怯的伙伴說明情況，「給我們一個新的機會，用我們的新行動來判斷我們」。

不要把開放誤認為是軟弱，對於直接競爭對手來說，微軟仍然是一名強勁的對手。例如，工作聊天軟體Slack就對微軟綁定Teams應用程式的功能，提出反壟斷控訴，這讓人想起1990年代的瀏覽器大戰。[21]事實上，最好要始終思考我們在第一章中對生態系中價值反轉的討論。但毫無疑問的是，納德拉協調合作夥伴和「亦敵亦友」的新方法，改變微軟的地位和成就。

從潛力到現實：正確角色的正確思維方式

到2020年，自納德拉上任以來，微軟的市值增加超過1兆美元。1,000,000,000,000美元，這個數字有很多的零。微軟已悄悄地成為世界上最有價值的公司之一，這對很多人來說是一個驚喜，而這正是重點。微軟以謙遜的態度，悄悄地讓自己的地位成長。

市值反映對微軟未來成長的預期，這在很大程度上是由對其雲端計算平台的預期所驅動的。回想一下，正是在鮑爾默的領導下，微軟投資、開發，並推出Azure雲端服務平台。也正是在鮑爾默的領導下，微軟開發，並推出Office 365，這是納德拉用來與企業客戶一起開創Azure MVE的雲端託管版本。但只有在納德拉擔任執行長的領導下，這些產品才在市場上開花結果。

區別不在於野心、熱情、權力或決心，請記得，鮑爾默為追求這些目標，投資數百億美元，不同之處在於協調的思維。

Azure的成功需要在關鍵參與者之間，找到新的協調方法。納德拉運用Office 365作為生態系的傳遞，促使保守的企業IT部門首次直接從微軟購買服務，進而讓這些企業涉足雲端運算。創造直接購買的機會，也有助於從微軟的經銷商那裡收回唾手可得的果實，讓以前不情願投資的銷售管道，有了去投資Azure雲端平台新功能集的動力，並尋找更積極和有效地銷售更高價值功能的方法。結果是微軟的地位發生轉變，從軟體銷售商，轉變成擔當客戶的運算引擎、分析合作夥伴和AI決策增強者。

與我們的討論特別相關的是，納德拉本人自2011年以來一直是微軟雲端業務部門的總裁，工作直接向鮑爾默報告。同樣的人，同樣的產品，用不同的角色，就有不同的結果。思維很重要，但在組織中的職位也很重要。

納德拉身為執行長，能夠推動在微軟優先、Windows優先的思維下無法得到支持的權衡交換。在與蘋果、Google和Salesforce等龍頭公司打交道時；推動獨立開發人員大軍對新功能的投資；迫使微軟強大的銷售管道做出改變；在向保守的企業IT客戶推動雲端的營運過程；在上述所有的措施中，對於把微軟的行動優先、雲端優先的未來願景，從承諾轉變為現實，能有一名注重協調的最高領導人至關重要。

納德拉已經取得一個強大的平衡，協調Azure的生態系，在這當中微軟顯然是領導者，同時允許生態系中的合作夥伴，運用他們的參與情況，在其他地方取得進展。例如，微軟的目標不是為智慧汽車打造作業系統，而是成為處理資訊的基礎設施（至少現在是這樣）。正如醫療集團神眷聖約瑟夫健康公司（Providence St. Joseph Health）的執行長哈克曼（Rod Hochman）在宣布他選擇把他51家醫院系統的資料和應用程式，轉移到Azure雲端平台時所解釋的那樣，他選擇微軟，而不是亞馬遜、蘋果或Google，因為「微軟不是試圖打進醫療保健產業，而是努力讓這個產業變得更好。」[22]

納德拉表明，如果針對聯盟量身定制，基礎廣泛的生態系的雄心是可以持續的：在別人願意追隨的領域領先；在讓你自己的追隨者更有成效的領域，支持他人的領導力。解決本位系統陷阱的開明方法，是創造一個協調結構，使每個人都能成為自己旅程的英雄。

領導轉型和轉型中的領導者

對於企業停滯不前的討論，通常強調領導層的願景失敗、技術能力不足、不願接受風險，或無法管理探索和開發之間的緊張關係。當然，這些都很重要，而這些是對柯達失敗的常見解釋，我們在微軟身上又看到這些情況。但在這兩種案例，這些解釋不僅是錯誤的，而且也會產生相反的效果。把失敗的原因給張冠李戴，會導致尋求錯誤的補救措施。就像吃錯藥，會讓你比開始生病時，病得更重。

微軟的故事之所以令人深思，正是因為常見的理論都沒有為在鮑爾默領導下微軟的停滯不前，提供可信的解釋。我們看到鮑爾默有遠見，開發技術，願意在他的賭注上冒險（和賠掉）數十億美元，並且在探索和追求新機會時，不怕給核心業務出難題。

當他的雄心壯志帶領他跨越生態系界限時，他的領導力，以及對他領導制度的常見解釋，缺少的是轉換成協調思維的關鍵轉變。

貫穿本書的成功和失敗案例，都取決於引用適合生態系週期階段的策略，發現公司何時在既有生態系的界限內運作（**執行優先**），以及何時跨越界限（**生態系協調優先**）。

但是，個別的領導者又如何呢？很明顯，思維方式，就像策略一樣，必須隨著生態系週期而改變。同一個人能做到這一切嗎？挑戰不僅在於個人，還在於組織的人員配置和技能再培訓方法，以及哪些能力被優先考慮。隨著生態系週期的發展，我們應該預料到會出現中斷和不連續的情況。

建立生態系需要協調的思維。然而，一旦思維協調一致，協調的技能和思維在客觀上變得不那麼重要。此時，重要的是在生態系的界限內執行，好比讓火車準時運行的管理挑戰，以及充分運用火車路線的機會，像是擴展新服務、增加相鄰的業務，以不斷成長的規模和效率，來完成所有這些工作，同時又在生態系內，管理既有的關係。

無論是領導一家成長中的企業，還是一家成熟的企業，如果你不考慮協調，那是因為你是在既有的生態系結構中工作，所以你把協調視為理所當然。如果你的策略目標是在現有產業內複製或優化現有價值主張，例如經營連鎖餐廳、經營放射診所、製造家具，那麼專注於執行可能是有意義的。但即使在既定的生態系中，也值得保持危機意識。有時候，新的協調結構是由外部強加而成的，像是與新對手和社交平台的數位關係；對CVS健康等新參與者開放的法規轉變；由Wayfair之類的公司塑造的新局勢，在這種情況下轉向協調思維可能是轉型與脫節之間的區別。

擁抱執行的思維是生態系之旅的必要環節。若沒有擁抱執行的思維，協調創造的潛力將永遠無法實現。不僅如此，正如我們在第三章中探討的那樣，在生態系之間有效的轉變，依賴生態系在新領域的傳遞。生態系的傳遞取決於在原始領域的出色執行力：如果納德拉沒有很好的成功要素，意指在鮑爾默的領導下開發的成果，他的努力就不會那麼成功。

對於個人領導者來說，這種轉變並不是自動的：沒有明確的路標顯示需要改變思維方式，也不能保證具有生態系協調才能的人，也具有執行和管理方面的才能。在一家新公司裡，這可能是一個非常困難的時期。當然也有例外，但這種領導力挑戰的轉變往往與領導者的變化相呼應，因為創辦人主動或由董事會決定卸任，由「專業」的執行長取而代之。留在原職位的創辦人必然會找到方法來接受執行的思維，而這種方式通常得到新的資深團隊支持。

具有執行思維的領導者，可以在發展核心業務和推動創新方面表現出色。正如鮑爾默的成就清楚地顯示，執行思維可以與推動成長完全一致。需要注意的是，它往往只能在現有生態系的界限內取得成功。

然而當成長的壓力和野心擴張時，成功公司的這些成功領導者往往會把目光投向其生態系之外的新價值主張。正如我們所知，這是一場不同的賽局。隨著對新市場、商業模式和新收入機會的興奮感不斷增加，很容易忽略這樣一個事實，即所有這些新活動都依賴於跨越生態系的界限、創造新的合作結構，以及在當前領域之外建立領導地位。第五章的試金石問題可以幫助你確定，協調的思維何時重新成為領導力的要求。

與最初從協調到執行的劇變相比，從執行到協調的劇變可能更難接受。在第一次改變中，生態系成熟後，協調就變成一個無關緊要的問題，它的優先順序很容易被取消。在第二次的劇變中，如果核心業務要繼續取得成功，執行仍然很重要，即使協調成為新機會領域的優先事項。當需要權衡得失時，選擇從最佳執行轉變為稍微不那麼理想的執行，以實現協調，這需要紀律和犧牲。從治理的角度來看，這意味著設定超越短期的目標，因為知道協調需要投資，在當前投入資源，以在未來獲得潛在的回報。在納德拉任期的初期，公司的收入下滑（見圖6.2），證明為支持Azure生態系的新商業模式，願意有所犧牲。

從領導者的角度來看，正如從協調到執行的轉變並不自然或必然，從執行回到協調的思維轉變也不自然。事實上，對於相關人員來說，這很可能是更難的轉變，因為要從實力、成功和權力的位置出發。

在早期創業時，領導者拼命努力建立自己的公司，並清楚地知道必須讓其他人支持他們的價值主張，這時謙遜是相對容易做到的。一旦公司成功，一旦領導者（他可能確實是創辦人，但現在是成功企業的負責人）習慣獲得人們的欽佩和共識，這時從執行長那裡由上往下，公司要恢復協調和謙遜的思維就更具挑戰性。

從成功到轉型

成功的執行思維執行長會在最初的生態系中，把他們的公司推向高峰。蛻變型的執行長會帶領公司跨越生態系，透過新的結構和布局，重新定義價值創造和競爭。鮑爾默和納德拉這兩種類型的人，都必須發展出執行的思維，才能在第一個生態系中成功，而要第二種類型的領導者才會成為傳奇人物。不同之處在於能夠重新發現在下一個生態系中成功所需的協調思維。

當我們深入研究企業轉型背後的機制時，本質上是內部生態系的重新協調，我們發現與第三章探討的外部生態系的相同原則在發揮作用：最低可行生態系統、階段性擴張和生態系的傳遞。一直以來，推動協調不僅需要不同的思維方式，還需要不同的權衡方法，例如優先考慮協調、建立聯盟，把創造共同價值置於短期回報之上，並堅信長期的回報將超過犧牲。

使用這些分析工具，並部署這些工具來影響實際變化，這取決於在位的領導者。在個人層面上，我們不可避免地發現，要把對新的權衡得失這種開放的態度，轉變為有效的協調，此時關鍵要素是謙遜和同理心。協調的思維取決於謙遜，接受其他人不會盲目追隨的現實；也取決於同理心，能理解什麼事情會促成和激發別人成為富有成效的追隨者，因為他們是可持續生態系結構的基石。這是建立信任，以及確定哪些權衡對哪個合作夥伴有意義，以及何時有意義的關鍵指南。

沒有什麼事情能阻止強大的公司，在各個方面大膽地宣告自己的領導地位。然而，正如我們在本書中所看到的，宣示領導力和激勵追隨者，這當中是空洞的野心和有意義的價值創造的差別，最後歸結在於有無協調和協調的思維。

使傳奇執行長成為傳奇的特徵是，他們有能力在圖6.4所示的整個生態系週期中，引導自己和自己的公司經常多次部署生態系的傳遞，以跨越界限並創造新的市場空間。

蛻變的典範不勝枚舉：蘋果的賈伯斯結合iPod音樂播放器、電話和上網裝置的價值主張，創造iPhone，並改變個人網路連線的概念。亞馬遜的貝佐斯把智慧音箱、語音助理和智慧家居控制，結合到Echo音箱中，徹底改變這些以前不同產業的賽局規則，從而產生更廣大的Alexa生態系。歐普拉把她的影響力從電視名人，擴大到製片人、廣播公司、印刷品，再到身心健康的領域。馬斯克把電動汽車、充電基礎設施和自動駕駛技術結合起來，在交通生態系和其他領域開闢新的視野。你還可以繼續補充你最喜歡的案例。

雖然這些創辦人大家都耳熟能詳，但要讓公司跨越生態系進行轉變，創辦人的地位不是必要，也非充分的要素。我之所以強調納德拉作為蛻變型的領導者，正是因為他不是創辦人。納德拉在成為執行長之前，在微軟內部工作達22年，參與過精彩的協調賽局。然而，絕非納德拉一人如此獨特：梅洛把CVS從零售藥店，轉變為醫療保健服務的巨頭；莫林（Johan Molin）

圖 6.4
生態系週期強調領導角色的轉變，以及運用生態系的傳遞，
促進跨越生態系界限的轉變。

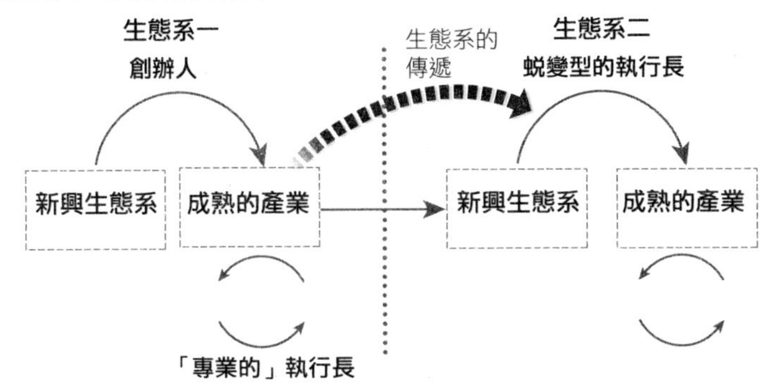

把亞薩合萊從機械鎖製造商，轉變為門禁控制生態系的領導者；古迪恩引領個人導航設備市場的劇變，重建TomTom在地理資料生態系中的地位；麥金斯特利把威科集團從印刷參考書，轉變為數位解決方案；古斯塔夫森帶領斑馬科技從追蹤的資產，轉變為工作流程。上述每位領導者都顯示出在創辦人離開很久之後，在公開市場和股東壓力的注視下，要在大型組織中改變賽局規則是可能的。

對於創辦人和非創辦人來說，必要的是，即使面對成功，也要保持協調的思維，避免個人層面的本位系統陷阱。這不僅對高層很重要，雖然執行長定下基調，但是管理與內部和外部合作夥伴之間的行動和相互作用的細節，這工作落在團隊的主管身上，所以協調的思維在整個組織中都很重要。

內部生態系也算是生態系

我們對生態系領導力的討論，集中在管理外部夥伴關係上。出發點是，由於缺乏最高權力，使外部生態系與組織內部形成不同的運作環境。然而，這種差異並不是絕對的：雖然你組織的內部生態系確實有擁有最高權力的執行長，除非你可以輕鬆獲得這種權力，否則組織內部也需要協調的策略。事實上，每位明智的執行長都會竭盡全力避免單獨行使權力。

重新協調外部生態系，幾乎向來是需要內部生態系中同樣行一些改變。在內部和外部環境中，重要的區別在於我們是在既有的界限內工作，還是跨越界限。在組織內部，執行長的獨特之處，在於整個公司都在他的權力範圍內。然而，從其他最高層主管開始，其他人的權力被限制在日益縮小的部門資訊孤島。

每當一項新計畫需要跨部門相互作用時，我們就需要管理內部生態系的轉變。這就產生已經提過的相同新興生態系的考量：協調的思維、同理心、聯盟優先。工程部與採購部合作，進行創新設計；供應鏈與銷售部合作，進行創新應變能力；人力資源部與所有人合作，讓創新延續下去，因為要使此類計畫成功，你需要的領導者是能夠管理跨部門和單位之間的重新協調。

「創新和競爭不會顧及到我們的部門孤島、我們的組織界限，所以我們必須學會超越這些障礙，」納德拉說，「這不是要在我們自己的組織內，做自己喜歡的事情，而是要走出舒適圈，去做對客戶最重要的事情。」[23]釋放Azure的成長潛力，需要重新發掘對顧客的洞察力和夥伴的合作，但也需要對微軟自己的組織、文化和內部治理，進行重要的重新連結。

根據幾十年來的智慧，多年來微軟一直把Azure當成內部的獨立組織來管理。這種區隔是為保護突破性的新創業務不受核心業務的要求和影響，使新創業務能夠在有更多支援的條件下，接受管理和衡量。然而，這種區隔的缺點是阻礙真正的轉型。在鮑爾默的領導下，Azure在更大的微軟組織內被孤立，這意味著無論其技術優勢或業務願景如何，價值主張永遠無法發揮其潛力。要成為領先的雲端服務商，就必需改變微軟在銷售、財務和營運方面的做法，而所有這些做法都是在其他的孤島中。只有當微軟內部生態系的其他部分重新建立起來，以支持Azure的價值主張時，Azure才能蓬勃發展。

微軟的核心業務一直是開發和銷售軟體。有了Azure，微軟就必須負責執行客戶的雲端流程，這意味著微軟自己的技術基礎需要大幅改變。為此，在納德拉的領導下，微軟的IT團隊被重組，[24]並重新命名為微軟核心服務工程和營運部門（Microsoft Core Services Engineering and Operations），透過一套新的程序、優先順序和預算關係，來與組織的其他部門互動。[25]同樣的，把企業客戶帶到Azure的關鍵手段，是改變雲端Office

套件的銷售模式。但是，Office產品系列不是由Azure業務部門控制的，因此需要新的整合協作，即內部合作創新。微軟用Azure提供雲端服務的方法是獨一無二的，正是因為它是以微軟生態系傳遞的獨特性為基礎。這種差異化策略讓微軟在追趕亞馬遜雲端服務AWS（該領域第一個，仍舊是最成功的先行者）的競賽中，超越其他公司。雖然與主要業務的區隔替新的內部創業提供一些保護，但代價往往是無法取得和部署核心業務的資源，從而大規模啟動最低可行生態系統。

創新計畫幾乎總是從試驗性計畫開始的，顯示內部團體合作時的可能性。高潛力管理者被部署在跨職能的團隊中，以推動大膽的新工作，來開創未來。試驗性計畫在成功時會受到讚揚，但儘管計畫成功，但有很大的部分卻從此沒有任何進展。這是因為，負責的管理者往往專注於執行試驗性計畫，而不是統整大規模的成功。他們運用個人的網路、聲譽和臨時資源分配來推動成功，卻沒有發現他們的奉獻精神和努力的獨特性使得複製成功的可能性不大。這樣的試驗性計畫在保護性的魚缸裡是成功的，那是因為獲得高階主管短期的關照，但是在更寬廣的組織開放水域中，就無法產生大規模的持久影響。這是因為生態系是去「配合」，讓試驗性計畫奏效，但生態系沒有被重新協調，使試驗性計畫成為固定業務。

任何曾在大型組織工作過的人都熟悉，成功的跨職能試驗性計畫在完成後，就會踏進墳墓消失不見。任何試圖做出長期改變的管理者最需要考慮的，就是避免這種命運。在內部生態系中成功創新，與我們在外部生態系中採用的方法相同：我們的最低可行生態系統是什麼？我們的階段性擴張方法是什麼？我們是否有能力創造傳遞，以幫助找到我們最初計畫的立足點？

這對你代表什麼？讓思維方式與計畫配合，這對各級管理人員都很重要。專案是否需要在現有的組織結構內執行，還是需要在內部生態系中，引導新的相互作用？就像選擇執行長的情況一樣，在你分配（或自願擔任）角色時，必須明確了解執行和協調思維之間的權衡選擇。了解這一點，在你需要部署這些人才之前，培養這種人員變得極為重要。

然而，問題仍然存在，該何時、何地、部署哪些人。

選擇和支持領導者：生態系環境中的新權衡

許多公司同時推行多項計畫，有些需要與新的生態系互相協調，有些則處於現有生態系的穩固位置。在沒有完美的候選人同時擁有執行和協調的傑出能力的情況下，你應該如何權衡這兩種能力？這應該如何影響領導者的選擇？

我們在第五章中看到，生態系呈現出特定的贏家等級。成功的生態系領導者大獲全勝，而不成功的生態系領導者則一無所獲。在產業環境中，成功的程度有等級之分，而生態系的結果卻是二元的，分為協調的與不協調的，所以直接轉化為成功與失敗，很少還有些許功勞的空間。

對於那些負責在組織內任命領導者的人來說，了解新興生態系與成熟生態系的不同領導需求，這會迫使他們了解新的權衡。你將優先考慮領導力的哪個層面？你願意犧牲哪個方面？

答案需要思考你在生態系週期中的位置。你最迫切的需求、最大的機會、最大的弱點，這些因素與在現有界限內推動更佳的執行有關，還是與創造新市場空間的協調有關？

產業成功的連續性與生態系成功非輸即贏的特徵，了解這兩者之間的不對稱性，可以提供觀點。從良好的執行，轉變為優異的執行，其邊際收益是否足以抵消完全無法協調你新興生態系的風險？答案將取決於你的核心規模和成長的發展過程，以及生態系機會的潛力。因此，例如一個多世紀以來，汽車創新和競爭都發生在成熟的生態系中，即我們熟知稱為「汽車產業」這個定義明確的結構。在上個世紀，在管理和執行方面表現出色的執行長是有意義的。今天，面對跨越多個界限的挑戰和機會，從自動駕駛到電力推進，再到網路連線，再到基礎設施重新配置，能夠培養協調思維，以幫助定義新的「交通生態系」的領導者似乎更應優先考慮。

一個關鍵的含義是，如果你沒有在生態系機會中看到足夠的價值，來證明放棄核心的執行收益是合理的，你的公司可能不應該在生態系領導方面做任何事情。在個人層面上，如果你認為自己在嘗試管理執行工作時，無法獲得所需的支援，你可能需要重新審視這個機會是否是你想要追求的。

寧可在新的生態系中接受聰明追隨者的角色，而不是扮演從一開始就注定要成為失敗的生態系領導者。換句話說，只有當你願意放棄嘗試領導生態系時，你才應該優先考慮執行人才，而不是協調人才，若不這樣就會導致生態系陷入失敗的困境。如果你的同事需要被說服，你可以向他們指出，微軟花費72億美元收購諾基亞，然後這是一筆慘遭勾銷的交易。

思維很重要

很難想像有哪個產業或公司的生態系動態沒有變得愈來愈重要。從任何公司董事會的角度來看，在選擇領導者時，考慮候選者的思維變得更為重要。從執行長的角度來看，考慮他們所指導的得失權衡、文化和能力變得更加重要。從組織中其他所有人的角度來看，根據協調的需要重新考慮他們自己的計畫和立場，就變得更加重要。

正如沒有一種「正確的」通用策略，而適合你的特定組織的策略就是正確的，也沒有唯一「正確的」思維：領導思維必須適合環境、組織和對象。管理這種契合度極為重要，因為替外部生態系制定新策略，幾乎總是需要對內部生態系進行調整。在這裡，變革的目標也必須伴隨著有效協調的計畫。這意味著，成功不僅取決於領導者的策略和思維方式，還取決於組織理解這些想法並與之互動的能力，我們將在第七章討論這些主題。

第七章

讓所有人都清楚公司策略

你說不出個所以然，代表你並不真的理解。

——暢銷書作家葛拉威爾（Malcolm Gladwell）

如果你的員工講不出你的策略，代表他們不理解你的策略。

——艾德納的推論

如果要在偉大策略和吉星高照之間做出選擇，你永遠應該選擇運氣。當然，問題在於清單上從來沒有運氣這個選項。因此，策略的作用是減少成功所需的運氣。或是，反過來說，讓你充分運用任何運氣。

要成功從產業轉變到生態系，需要有制定策略的新方法。然而，要使策略有效必須對策略有廣泛的理解。傳統的顛覆推翻產業框框內的競爭秩序，而生態系顛覆打破框框，因為價值主張本身被推翻了。在新世界中，策略目標不僅要幫助你獲勝，還要保證你在競爭中贏得正確的賽局。成功的必要條件是組織內有一種共同語言，以便每個人都了解賽局的變化，以及獲勝的定義。

無論你是在趨動生態系的顛覆，還是想辦法應對，在不斷變化的賽局中制定強健的策略，首先要對你的價值結構有深刻理解。如何展現和運用這種理解，將取決於你在組織中的角色。

如果你的角色是領導一家不斷成長的企業：你可以很容易依靠直接接觸和小團隊動態帶來的共同直覺，用來代替明確闡述的價值結構，而價值結構本身可能還在你的腦海中不斷發展。然而，詳細解釋隱含的東西，將在內部和外部協調中帶來好處，因為這樣做有助於對建立生態系有明確的了解，也就是你的最低可行生態系統是什麼？階段性擴張是什麼樣子？你應該如何考慮時機和應對新出現的挑戰？在你的生態系中，創造一個富有成效的位置，讓你還可以再進一步擴張，那個正確的方法會是什麼？

對於成功的企業來說，成功帶來的最大障礙之一是擴大理解的範圍，因為團隊成長會有新人加入……如果你沒有為他們準備好表達闡述的方式，當早期組織內有連貫的一致性變成不和諧的雜音時，就不要感到驚訝。在企業成長之前就**預先具備**明確的策略用語，是在成長過程中推動發展的最佳方式。

如果你的角色是領導一家成熟的企業：現有公司提供既有的市場地位、生態系關係和營收來源的強大優勢，但隨著公司和產業的成熟，核心價值結構和生態系結構的基本原理可能會被視為理所當然而逐漸不受重視，因為注意力集中在效率和執行上，這可能會對外部威脅和機會造成盲點。首先要面對核心問題，「我們的價值結構是什麼？」特定的變化如何在每個元素之間產生影響？在我們當前生態系中，哪些元素和關係應該優先用於防禦？或適用於進攻？

要預期這將是具有啟發性和潛在挑戰的討論，因為你的員工正在努力闡明具體的元素和關係，這些元素和關係是他們對「為什麼要以這種方式做事情」的理解基礎。除了「你無法管理你無法衡量的事物」這句格言之外，我們還要承認「你無法衡量你無法辨識的事物」。

闡明你的價值結構將幫助你在跨領域顛覆推翻你的地位之前，就辨識它的潛在威脅。同時，它將幫助你找到機會，運用價值傳遞來轉移界限，並為你自己創造新的顛覆性地位。它將幫助你避免本位系統的陷阱，並指示何時何地從執行心態，轉變為協調的思維，然後再反過來。

如果你的角色是影響領導者：我們大多數人（還）不是組織的領導者，我們大多數人（還）沒有在價值結構明確的組織中工作。如果「高層」的工作應該專注於創造或重新定義價值結構，那麼「中層」的工作是了解如何在組織中工作。

每個組織都有一個隱含的價值結構，這是組織如何創造價值的基礎理論。隨著組織和產業的成熟，我們很容易停止對價值元素和生態系結構進行明確的思考。你的工作是重現這些價值元素和生態系結構，即使只是為你自己的團隊：你組織的價值結構中哪些元素反映在你的計畫中？你的計畫如何改變人們對這些元素的理解方式？你能否為你的計畫制定一個結構，是與更廣泛組織的結構一致的，或者是否有需要解決的矛盾？

如果你可以根據這些元素和類別定位你的專案和提案，你將大幅增加人們「理解」的機率。這對分配資源，也對你與組織內外的其他人協調完成任務，都會很重要。如果你的提案與結構出現分歧，事先了解這一點，將使你能夠更有效地為例外或反對做好準備。

如果你的目標擴展到社會影響：生態系策略的一個出發點，是讓價值創造中可以有寬廣的選擇。你的價值結構不僅是在局勢變化時要如何競爭的指南，而且是塑造相關領域的思考工具，決定你要競爭哪些元素，以及如何處理你所依賴的關係。這使得價值結構成為一個強大的視角，透過這個視角不僅可以在一般的界限內，而且還可以在一般的界限之外重塑相互作用。

從生態系的角度思考提供一種方法，可以把企業目標從狹隘的股東價值，連貫地擴展到專注於更廣泛地價值創造。你的價值元素如何與當地社區和整個社會的合作夥伴互動？在逐一查看元素的基礎上，哪裡有機會增強你的結構和擴大可以創造雙贏解決方案的層面？闡明這些關聯是有效地將利害關係人的關注點，從組織的外圍轉移到策略核心的第一步。

本書介紹的概念和框架，摘要可見圖7.1，應該被視為對現有策略工具包的補充而不是替代。對生態系策略的清晰理解，將有助於明確掌握傳統策略工具應該能夠在何時以及如何更為完善地應用。

策略與闡述

許多領導者透過自身才華和經驗的結合，而對策略有一種直覺。儘管如此，他們可能很難表達出這種策略。

由於缺乏有效的闡述用語來表達和討論策略，導致策略評估經常會變成編制預算和銷售預測的做法。這些方式很平庸，但讓人覺得自在：這是一種表達目標和指標的熟悉方式，也是衡量進展和挫折的方法，例如「你是否達到你的目標數字？」

在穩定的環境中，公司可以把預算當作策略的拐杖，追踪當前業務在當前路線上的進展。但在瞬息萬變的環境下，談論預算是一種貧乏和使策略品質惡化的溝通語言，它的層次遠遠低於你所要解決的問題的層次。

為抵消預算的平淡乏味，我們經常看到領導者轉向對熱情的懇求。熱情是充滿活力的，它可以培養在不確定的情況下，做出承諾所需的勇氣。但是，熱情並不是指導方針，熱情過於針對個人。對於各方之間連貫、持續的行動，熱情可以有太多的解釋。具有相同熱情程度的不同人，在他們認為是最好的正

圖 7.1
贏得正確的賽局。

	主要案例	工具
第一章 **贏錯賽局**	柯達	價值結構 價值反轉 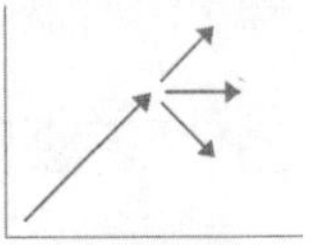
第二章 **生態系的防禦**	Wayfair 與亞馬遜 TomTom 與 Google Spotify 與蘋果	生態系防禦的 三大原則 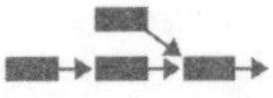
第三章 **生態系的進攻**	亞馬遜的 Alexa 智慧型語音助理 歐普拉門鎖與安防解決方案供應商亞薩合萊	最低可行生態系統 階段性擴張 生態系的傳遞效應 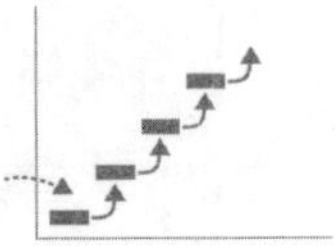
第四章 **顛覆生態系的時機**	特斯拉和自動駕駛汽車 威科集團 基因技術公司 23andMe 斑馬科技公司	發展過程圖 時機框架 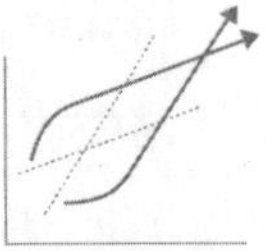
第五章 **本位系統的陷阱**	蘋果和行動支付 電子書 工業物聯網平台 GE Predix 電子病歷 微軟與 IBM	領導力的試金石 贏家的等級 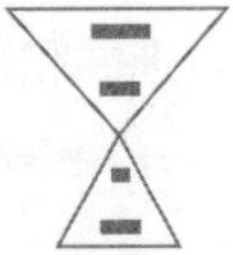
第六章 **思維很重要**	微軟 Azure 雲端平台	生態系循環 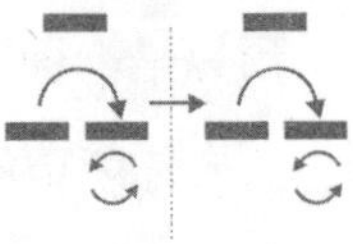
第七章 **讓所有人都清楚公司策略**		

確答案上，可能出現分歧。你如何彌補這種差距？更重要的是，當他們自己的正確答案被否定時，你如何避免熱情的人受挫反倒變得憤世嫉俗？

熱情是開場的火花；它可以激勵人心，但無法給予指導。它是特製的醬汁，是神祕的佐料，但它本身並不是一頓飯。我們需要一個更可擴展、可組織的解決方案。

超越制定者的策略流暢性

如果本書介紹的概念和工具僅用於建立和分析策略，則成效將大打折扣。如果你發現我們探索的主題、構想和框架，為闡明和理解生態系環境中的策略提供專門的闡述用語，你就可以使它們的價值倍增。

策略為了合適必須精心制定。但要產生影響，策略就必須被人充分理解。

問問自己，在你的組織中，對策略的理解應該在哪裡結束？你可能不要求組織中的每個人都提出策略，但你可能希望他們都能理解策略。獲得人們的支持，只有在彼此都相互理解時才重要。「我同意該策略」表達支持，彼此理解傳達「我清楚這個策略背後的邏輯，因此當我面臨決定時，我知道如何做出一致的選擇」。

然而，我們必須了解，除非那些被期望遵循該策略的人，能夠流利地掌握用於傳達該策略的用語，否則該策略有可能成為在佈滿灰塵的抽屜中，一動也不動的文件要點聲明。

這意味著光靠你一個人採用更細微的方法制定你的策略，是不夠的，你的人員必須流利地使用共同語言，才能理解你實際想要傳達的內容：**如果你的人員無法清楚說明你的策略，代表他們不理解你的策略**。

那麼，要考慮的問題是，你將如何在組織中傳播這些想法？你將如何教導這些想法？你將如何運用這些想法引導彼此互動？善用本書的想法做個比較，你是要讓組織個體更精明或集體更有效。[1]

在模糊世界中信任的極限

昨天的世界從來沒有像我們所說的那樣簡單，但我們有理由認為，目前的時代確實更複雜、變化更快。在真正模糊不清的情況下進行管理，已成為許多組織的明確特徵。

在這種環境下，連貫的行動搭配連貫的邏輯，前所未有的更加重要。當深度策略沒有明確表達時，我們所能做的就是尋找「合適的團隊」。我們尋找「理解」的人，這意味著他們的直覺大致正確，這樣我們就不必向他們解釋太多，即使我們認為我們有一個偉大的策略，但當我們缺乏共同語言來溝通時，要解釋清楚策略令人喪氣。

在這個世界上，信任是理解的替代品。我們需要相信領導者的願景，因為我們看不到他們所看到的東西。但是，如果我們真的了解他們在想什麼和做什麼呢？如果我們清楚事情相對於計畫的處境，我們就不需要依賴彼此的信任，因為我們會有客觀的觀點。

信任是艱難困苦中堅持不懈的關鍵，這是一種非常寶貴、但非常有限的資源。問題在於你是否把信任用於（1）策略層面：我們將走向何方，我們為什麼要做出現在這樣的選擇；或者（2）執行層面：有信心和善意來度過不可避免的顛簸和轉折。有一種共同語言解釋你的邏輯，意味著你在第一個層面上付出的信任更少，為第二個層面預留下更多的信任。

最後的願望

由生態系組成的世界創造出多種可能性，有更多的賽局可參與，更多的合作方式，領導者和追隨者有更多的致勝位置。然而，這種豐富性伴隨著更大的挑戰，因為出現更大的變動、更大的複雜性和更多沒有出路的途徑。

我們旅程的起點是發現成功與失敗之間的區別，不再像輸贏之間的區別那樣簡單。在一個複雜的世界中，選擇賽局原來比競爭的有效性更重要，因為贏得錯誤的賽局可能等同於輸掉比賽一樣。相反的，那些明智地選擇並找到改變賽局方式的人，在競爭中獲得極大的優勢。

我希望這本書能在你走過這個日益令人興奮、但又充滿挑戰的環境時有所幫助。我不能給你更多或更好的運氣。相反的，我希望本書的觀點能幫助你制定策略，減少對運氣的需求，同時讓你有信心在了解情況確實很幸運時，加倍地投入。

後　記

應對生態系的顛覆：社會部門的挑戰

推動進步和提高福利是價值創造的動力，這對所有組織都很重要。雖然本書的例子主要來自營利事業，但在追求更廣泛的社會使命時，面對生態系顛覆的挑戰也同樣緊迫。

長期以來，社會部門被定義是相互依賴的，包含非營利組織、非政府組織、基金會、致力於實現總體價值主張的社會運動分子。這些群體有時是前後一致的，有時是矛盾的，有時是衝突的，但總是面臨一個問題，只能透過這些群體內部和彼此之間的協作才能解決。

社會問題有複雜的結構，就其本質而言，它們跨越多個「框框」。隨著我們對這些問題的根本原因和更廣泛的後果有更深的理解，我們愈來愈清楚無法透過在框框內的方法解決社會問題。

- 我們認為醫療保健的概念正在超越傳統的臨床護理範圍，不再侷限於解決群體健康問題。生活方式和飲食、取得新鮮的食物、在未定期修繕的建築物中清除誘發哮喘的黴菌，現在都屬於醫療保健提供者和保險公司的職責範圍。
- 我們認為，重新審視警務工作的概念，可了解種族歧視、心理健康和經濟差距。人們正在辯論和重新磋商執法、社區關係和社會服務之間的關係。
- 我們在環境問題的具體現象中看到，污染的後果已經從受污染的水和骯髒的空氣，擴展到海平面上升和森林大火。必須協調當地行動，才能對全球問題有所影響。

這個清單很長，而且還在不斷增加。對此類挑戰的回應從開明的選擇到被迫反應都有。前者以追求群體健康作為更有成效的健康方法，後者顯示沒有人會主動「選擇」海平面上升。然而，在所有情況下，它們都重新定義價值主張，重新劃分活動的界限。這些變化反過來要求重新審視基本的價值結構、定位和角色。透過生態系統的視角處理這些工作，將增加有效回應的機率。

你可以從非營利組織、政策制定者、監管機構，或試圖為社會變革做出貢獻的營利機構的角度，重新審視本書的觀點。這些資訊包括了解你的生態系、重新思考合作、重新審視領導力、確保你在打正確的仗，而不只是打舊仗，無論你的成功指標是依據私利或公利，都可以適用。事實上，對於依賴資源的參與者，像是服務有迫切社會需求的非營利組織和受限的政府實體來說，甚至更為重要。

社會部門的參與者，根據自身在生態系中的組織和地位，可以使用不同的手段，像是塑造他人環境的能力、指揮資源的能力；給予或撤銷合法性的能力。這些手段需要付出努力和時間才能啟動，而且一旦啟動，就很難停用。它們通常不像我們希望的那樣靈活和反應迅速，可是一旦投入就會產生極大的影響。這些手段的力量使得更有效的策略方法變得更加重要。

當我在2021年1月撰寫本書時，全世界正在努力對付COVID-19新冠病毒的大流行。這個生態系顛覆導致的全球影響，改變國家之間和國家內部的關係，是一個讓人類要謙卑的研究案例。COVID-19本就是一種會引起醫療保健系統關注的病毒，但是它幾乎影響全球所有的活動。應對COVID-19需求的措施，需要橫跨社會和政府組織的互動與合作所出現的新模式，涵蓋商業、貿易、司法、國際關係、勞資關係、教育、住宿、交通，以及其他方面。

這場大流行迫使人們重新思考彼此的角色和相互作用，以追求比任何單一實體的任務都要大的目標。我們結束目前這場健康危機的能力，將取決於一長串的人員和組織，他們共同付出的英勇努力和創新。但是，即使在這場危機過去之後，我們應該預期未來趨勢，無論是問題，還是機會，將繼續以更加複雜和不斷變化的界限為特徵。

社會使命的緊迫性日益增加，甚至履行使命的複雜性本身也在增加。除此之外，實現合作的工具和技術正在快速改進。如果我們能夠將這些資產與更有效的策略結合，在面對未來時，就有充分的理由懷抱希望。

致謝

我的經驗是先寫一本書，然後再把書重寫一遍。作者的特權是能夠回顧自己的初稿，並看到那些早期內容與最終手稿之間的差距。雖然初稿可能是一段孤獨的旅程，但重寫創造一個獨特的機會，可以與慷慨的朋友和同事互動，他們願意質疑、探討呈現在眼前的想法、論點和例子。他們給予我寶貴的時間、心思和見解，這對我是極為尊榮的事，讓我既榮幸又承受不起。

我受益於許多了不起的學習夥伴，他們給予支持、建議和重要的回饋，包括學術界的同事、過去和現在的學生、身處困境的經理和主管，他們每個人都以多種不同的方式做出貢獻，我特別感謝：Jodi Akin, Liz Altman, Errik Anderson, Pino Audia, Guru Bandekar, Manish Bhandari, Mike Cahill, Que Dallara, Paul Danos, Blake Darcy, Allison Epstein, Dan Feiler, Syd Finkelstein, Peter Fisher, Giovanni Gavetti, Morten Hansen, Connie Helfat, Bill Helman, Martin Huddart, Steve Kahl, Rahul Kapoor, Kevin Keller, Adam Kleinbaum, Suresh Kumar, Trevor Laehy, J. Ramon Lecuona,

Lindsey Leninger, Dan Levinthal, Marvin Lieberman, Amelia Looby, John Lynch, Betsabeh Madani Hermann, Cathy Maritan, Rob Messina, Marcus Morgan, David Nichols, Steve Oblak, Walt Oko, Geoff Ralston, Subi Rangan, Dan Reicher, Apurva Sacheti, Steve Sasson, Joseph Sedgwick, Willy Shih, Peter Sisson, Karen Szulenski, Alva Taylor, Gelsey Tolosa, Don Trigg, Therese Van Ryne, Will Vincent, Jim Weinstein, Sid Winter, Brian Wu, and Peter Zemsky.

我還要感謝史勞特（Matt Slaughter）院長，以及塔克商學院（Tuck School of Business）和達特茅斯學院（Dartmouth College）的領導，他們保障和強化研究和教學的特殊環境，使這些想法得以開花結果；感謝策略見解集團（Strategy Insight Group）親愛的同事安提卡（Jennifer Endicott）和史密斯（Brandon Smith），感謝他們為我的想法做出貢獻，並在優秀的組織中實現這些想法；以及感謝史坦基維奇（Steve Stankiewicz）優異的平面設計。

我尤其要感謝保羅（Alexia Paul），她的努力、創造力和見解，從始至終都是非常寶貴。

哈姆斯沃斯（Esmond Harmsworth）是我的經紀人，也是個人和學術誠信的典範，在這段旅程的每個階段他都是智慧和忠告的來源。在麻省理工學院出版社，我出色的編輯塔伯（Emily Taber）重新設定夥伴關係的高標準，深入研究文字之外的想法，並在幫助我將手稿變成書的過程中，慷慨地付出她的時間和見解。

我要向我的家人表示最大的感謝和感激，沒有他們，這一切就沒有意義。

注釋與參考文獻

前言

1. 譯注：價值主張是指個人或企業對於提供的產品或服務，能傳遞承諾的價值給顧客，這種承諾價值必須建立在滿足顧客或潛在顧客需求上，並達到個人或企業獲利的目的。

第一章

1. Ernest Scheyder,"Focus on Past Glory Kept Kodak from Digital Win," *Reuters*, January 19, 2012, https://www.reuters.com/article/us-kodak-bankruptcy-idUSTRE80I1N020120119.
2. Ben Dobbin, "Digital Camera Turns 30—Sort of," *NBC News*, updated September 9, 2005, http://www.nbcnews.com/id/9261340/ns/technology_and_science-tech_and_gadgets/t/digital-camera-turns-sort/#.XKt2UxNKjFw.
3. 原書注：柯達於2013年獲得破產保護，也無法恢復昔日輝煌，接下來的故事不是我們在這裡的重點。
4. Kodak press release, September 25, 2003. Reposted in Digital Technology Review, "Kodak Unveils Digitally Oriented Strategy," https://www.dpreview.com/articles/1030464540/kodakdigital.
5. "Kodak Is the Picture of Digital Success," *Bloomberg*, January 4, 2002, http://www.bloomberg.com/bw/stories/2002-01-03/kodak-is-the-picture-of-digital-success.
6. "Mistakes Made on the Road to Innovation," *Bloomberg*, November 27, 2006, http://www.bloomberg.com/bw/stories/2006-11-26/mistakes-made-on-the-road-

to-innovation.

7. Amy Yee, "Kodak's Focus on Blueprint for the Digital Age," *Financial Times*, January 25, 2006, https://www.ft.com/content/c04a65cc-8de0-11da-8fda-0000779e2340.

8. Emily Bella, "The 10 Most Expensive Liquids in the World," *BBC News Hub*, December 15, 2017.

9. Bill Sullivan, senior VP at Hewlett Packard spin-off Agilent, quoted in Sam Lightman, "Creating the Tools for the Pioneers," *Measure*, March–April 2000, 18–19, http://hparchive.com/measure_magazine/HP-Measure-2000-03-04.pdf.

10. William M. Bulkeley, "Kodak Sharpens Digital Focus on Its Best Customers: Women," *Wall Street Journal*, updated July 6, 2005, http://www.wsj.com/articles/SB112060350610977798.

11. "Kodak Investor Review—Kiosks," WW Kiosk SPG Consumer Digital Group, November 2006, 2, http://media.corporate-ir.net/media_files/IROL/11/115911/reports/consumer1106.pdf.

12. Marcia Biederman, "Meet You at the Photo Kiosk," *New York Times*, March 17, 2005, https://www.nytimes.com/2005/03/17/technology/circuits/meet-you-at-the-photo-kiosk.html.

13. Eastman Kodak Company, 2007 Annual Report, December 31, 2007, 5, http://www.annualreports.com/HostedData/AnnualReportArchive/e/NASDAQ_KODK_2007.pdf.

14. Willy Shih, "The Real Lessons from Kodak's Decline," *MIT Sloan Management Review*, May 20, 2016, https://sloanreview.mit.edu/article/the-real-lessons-from-kodaks-decline/.

15. Andrew Martin, "Negative Exposure for Kodak," *New York Times*, October 20, 2011, http://www.nytimes.com/2011/10/21/business/kodaks-bet-on-its-printers-fails-to-quell-the-doubters.html.

16. 譯注：以前柯達推出一系列廣告促銷底片，鼓勵大家多用柯達底片記錄生活中珍貴的一刻，因此誕生「柯達時刻」（Kodak moment）的說法，意指拍攝當下此時值得留念的珍貴畫面。

17. 2008年，波特重新審視五力分析模型，闡明觀點，他認為一個產業的界限包括兩個主要面向：產品或服務的範疇，以及地理範圍；見 Michael E. Porter, "The Five Competitive Forces That Shape Strategy," *Harvard Business Review* 86, no. 1 (2008): 25–40; 38。我們可以把這些當作關鍵檢驗，當你認為這兩個面向足以定義你的競爭，你大可運用傳統的策略方法進行產業分析。如果這兩個面向不足以定義你的競爭，你可能需要生態系統的方法。
18. Clayton Christenson, *The Innovator's Dilemma: When New Technologies Cause Great Firms to Fail* (Boston: Harvard Business School Press, 1997)；繁體中文版《創新的兩難》，商周出版，2007。
19. Ellie Kincaid, "CVS Health CEO Larry Merlo Says Completed Purchase of Aetna Will Create 'A New Health-care Model,'" *Forbes*, November 29, 2018, https://www.forbes.com/sites /elliekincaid/2018/11/29/cvs-health-ceo-larry-merlo-says-buying-aetna-will-create-a-new-healthcare-model/#529463d842c1.
20. 我在《管理期刊》第43卷第1期中發表一篇名為「生態系統是一種結構：可操作的策略結構」（"Ecosystem as Structure: An Actionable Construct for Strategy," *Journal of Management* 43, no. 1 (2017): 39–58, https://doi.org/10.1177/0149206316678451.〔開放存取〕），首次介紹了這個定義。根據此處的定義，我對「生態系統是一種結構」（ecosystem as structure）和「生態系統是一種聯盟」（ecosystem as affiliation），這兩種概念進行了關鍵的區分，後者用於討論平台和多邊市場。在「結構」的背景下，重點是與特定合作夥伴建立相互作用，為實現價值主張做出特別而明確的貢獻。關鍵問題是要協調一致，也是本書的重點。在「聯盟」的背景下，關注的是在其他參與者之間建立中介的地位。主要問題涉及接觸的管道、開放性、付款條件和推動網路效應，以實現新興的相互作用。從這個角度來看，平台和產業的相似之處在於，它們都假設參與者的相互作用，發生在某種既有的結構裡。這就是為什麼一般來說，只有在生態系統的基礎建立起來之後，平台才會建立起來的原因。結構和聯盟的特性可以在特定的環境中共存，但它們是透過不同的策略進行管理的。讀者若有興趣更詳細地討論生態系統的結構與策略文獻中其他相互依賴方法（例如，商業模式、供應鏈、價值鏈、平台、開放式創新、價值網）之間的關係，可能會對「生態系統是一種結構」這篇文章感興趣。有關平台策略的深入研究，見Geoffrey G. Parker, Marshall W. Van Alstyne, and Sangeet Paul Choudary, *Platform Revolution: How Networked Markets Are Transforming the Economy and How to Make Them Work for You*（New York: W. W. Norton & Company, 2016）；繁體中文版《平台經濟模式》，天下雜誌出版，2016。

21. 生態系統的循環突顯協調結構的演變和退化。在這方面，它的生命週期模型不同於技術選擇和技術進步，生態系統週期與常規化相互作用模式的出現以及它們的潛在崩壞有關。前述不同於技術選擇的文獻見William J. Abernathy and James M. Utterback, "Patterns of Industrial Innovation," *Technology Review* 80, no. 7 [1978]: 40–47; Philip Anderson and Michael L. Tushman, "Technological Discontinuities and Dominant Designs: A Cyclical Model of Technological Change," *Administrative Science Quarterly* 35, no. 4 [1990]: 604–633。關於技術進步的文獻見Richard Foster, *Innovation: The Attacker's Advantage* [New York: Summit Books, 1986])；繁體中文版《S曲線：創新技術的發展趨勢》，中國生產力出版，1988。生態系統週期與常規化相互作用模式的出現文獻見Brian Uzzi, "Social Structure and Competition in Interfirm Networks: The Paradox of Embeddedness," *Administrative Science Quarterly* 42, no. 1 [1997]: 35-67；Thomas P. Hughes, *Networks of Power: Electrification in Western Society, 1880–1930* [Baltimore, MD: Johns Hopkins University Press, 1993]。
22. 譯注：指蒸汽機車，起源於1800年代初期。
23. 價值結構是價值元素的組合，聯繫價值主張與活動，在這裡是第一次被提出，既是概念也是定義。我之前的另一本書《創新拼圖下一步：把靈感變現的關鍵步驟》（*The Wide Lens: What Successful Innovators See That Others Miss*，New York: Penguin/Portfolio, 2013），介紹了價值藍圖的概念和方法，這是一張生態系地圖，點明參與者之間相互依賴的結構，並指出採用和合作創新（co-innovation）風險的位置，而就在這些地方造成策略上的盲點。在圖1.3中，價值藍圖是「活動」層面的一部分。
24. 這裡介紹的價值結構觀念，與以前策略文獻中對「結構」引用的概念有所不同，把它與現有的研究主流進行對比，可以幫助闡明這裡的觀念。

價值結構源自抽象、代表性地選擇價值元素，而不是透過技術、活動、功能屬性或實體環節的具體表現。因此，本書與韓德森（Rebecca M. Henderson）和克拉克（Kim B. Clark）在《行政科學季刊》中發表的那篇具有里程碑意義的文章〈結構創新：現有產品技術的重新配置和成熟公司的失敗〉（"Architectural Innovation: The Reconfiguration of Existing Product Technologies and the Failure of Established Firms," *Administrative Science Quarterly* (1990): 9–30,）中所討論的產品結構是不同的概念。兩位學者在該篇文章中的重點放在實體產品環節之間的關聯，並強調環節之間交互作用的變化：「結構創新通常是由環節的變化引發，可能是規模或環節設計的其他一些附屬參數，這種變化會與成熟產品中的其他環節產生新的相互作用和新的聯動情況。重要的一點是，每個環節背後的核心設計理念，以及相關的科學和工程知識保持不變」（12）。即使在討論變革對組織的影響時，例如資訊過濾和溝通管道的作用，這份文獻還是在講實體技術的作用。代表性選擇和實體介面之間的這種差異，同樣使這裡的方法與模組設計文獻有所區別；例如見Carliss Y. Baldwin and Kim B. Clark, *Design Rules: The Power of Modularity*, vol. 1 (Cambridge, MA: MIT Press, 2000); and Karl Ulrich, "The Role of Product Architecture in the Manufacturing Firm," Research Policy 24, no. 3 (1995): 419–440.

這裡價值結構的觀點也不同於「產業結構」的觀點，例如Michael G. Jacobides, Thorbjørn Knudsen, and Mie Augier, "Benefiting from Innovation: Value Creation, Value Appropriation and the Role of Industry Architectures," *Research Policy* 35, no. 8 [2006]: 1200-1221），後者重點是分工如何影響整個產業價值鏈的利潤分配。

另一方面，活動系統的表述著重於企業為生產商品或服務而進行供應方的活動；例如見Nicolaj Siggelkow, "Evolution toward Fit," *Administrative Science Quarterly* 47, no. 1 (2002): 125–159. 相比之下，構成價值結構的價值元素在更高的層次上運作，這比生產所需的活動更為廣泛。更重要的是，價值元素可以明確地包含參與建構特定價值主張的多個合作公司的活動，因為它們與任何一家公司的行動或身分無關。

最後，被安排在結構中的價值元素，與針對特定產品／服務來對照顧客定義的偏好，兩者有所不同。此外，它們彼此之間具有明確的關係來指導價值的建立：價值結構不是產品／服務功能的分類總覽。這與金偉燦（W. Chan Kim）和莫伯尼（Renée Mauborgne）在《藍海策略：再創無人競爭的全新市場》（*Blue Ocean Strategy: How to Create Uncontested Market Space and Make the Competition Irrelevant*）中提出價值曲線的構想形成對比。在這方面，價值結構可被視為價值曲線中以顧客為尊的屬性與價值鏈中供應方活動之間的橋樑。

25. 在策略討論中，價值是始終存在的概念。學術文獻深入探討了價值創造和價值獲取之間的平衡；價值鏈的本質和動態；甚至還有一個子領域稱為「以價值為基礎的策略」（value-based strategy），其首要原則是附加價值和支付意願（willingness to pay, WTP）的概念。WTP是一種功能強大的速記工具，讓以價值為基礎的策略文獻把重點放在活動對顧客價值的影響上。這種方法對於確立互補者的重要性等同於供應商和買方，同樣都對企業成果有極為重要的貢獻，這為考慮價值獲取的界限提供新的視角。有關以價值為基礎的策略根基，見Adam M. Brandenburger and Barry J. Nalebuff, *Co-opetition* (New York: Currency/Doubleday, 1996)；繁體中文版《競合策略》，雲夢千里出版，2015； 以 及Adam M Brandenburger and Harborne W. Stuart Jr., "Value Based Business Strategy," *Journal of Economics & Management Strategy* 5, no. 1 (1996): 5–24.

    但是，雖然價值的概念始終存在，卻也始終是模糊的。支付意願是一個強大的抽象概念，釐清了理論需求曲線上個別點的情況，以及它們可能變動的情形。但在這方面，它是需求方相當於供應方的「小工具」，它從實際構成價值的東西中抽離出來，並在這樣做的過程中，造成無形的關鍵動態，例如可以推翻價值創造中確切本質的高階變化。

    價值結構的構想使我們能夠連結到公司策略核心裡價值創造的獨特理論，因此，它使我們能夠探究特定公司對支付意願基本驅動因素的處理方法。透過把元素納入結構提供了一個平台，這個平台可以超越一般的作用，例如互補者和競合者原本就盈餘進行協議，變成在價值創造的目標和結構的談判中，考慮此時出現的特定關係和緊張局勢。這些方法是相互一致和相互增強的，能探究其中成效良好的相互作用。

26. 譯注：一個讓使用者上傳、分享照片與生活的網站。

27. 譯注：沒有意識到「自己知道」的事。

28. 譯注：Google已於2021年2月初宣布關閉該研發部門。

29. 把「互補者」定義為合作夥伴，而且夥伴創造的價值增強了重點公司的價值，這意味著供應商也應該被納入在分析中。這是與傳統方法的重要差別，對於識別跨越框框的威脅極為重要。艾德納和力柏曼（Marvin Lieberman）深入探討了互補者可以顛覆重點公司的三種模式，見“Disruption through Complements,” *Strategy Science* 6, no. 1 (2021): 91-109，https://pubsonline.informs.org/doi/10.1287/stsc.2021.0125（〔開放存取〕）。這篇文章將此邏輯運用在考慮交通生態系統中的情境。

30. 譯注：渾然不知的事。

31. Statista Research Department, “Sales of Digital Photo Frames in the United States from 2006 to 2010,” *Statista*, July 31, 2009, https://www.statista.com/statistics/191937/sales-of-digital-photo-frames-in-the-us-since-2006/.

32. Rick Broida, “Does It Still Make Sense to Buy a Digital Photo Frame?,” *cnet*, May 4, 2012, https://www.cnet.com/news/does-it-still-make-sense-to-buy-a-digital-photo-frame/.

33. Lexmark International, Inc., 2010 Annual Report, December 31, 2010, 6, https://www.sec.gov/Archives/edgar/data/1001288/000119312513077056/d475908d10k.htm.

34. “Lexmark International: Why Is a Printer Company Trying to Reduce Print?,” *Seeking Alpha*, June 3, 2013, https://seekingalpha.com/article/1477811-lexmark-international-why-is-a-printer-company-trying-to-reduce-print?page=2.

35. Acquisition price source is Bureau Van Dyke Zephyr (Lexmark acquired by consortium led by Apex Technology and PAG Asia Capital, Deal No 1909300149; accessed January 26, 2021), https://zephyr-bvdinfo-com/. Enterprise value information from S&P Capital IQ (Lexmark International, Inc. Financials, Historical Capitalization; accessed January 26, 2021), https://www.capitaliq.com/.

36. Ron Adner, “Many Companies Still Don’t Know How to Compete in the Digital Age,” *Harvard Business Review*, March 28, 2016, https://hbr.org/2016/03/many-companies-still-dont-know-how-to-compete-in-the-digital-age.

37. 這部分參考Ron Adner，〈別輸在數位競爭力〉（Many Companies Still Don't Know How to Compete in the Digital Age），《哈佛商業評論》，2016年3月28日，https://hbr.org/2016/03/many-companies-still-dont-know-how-to-compete-in-the-digital-age.

38. Tier-nan Ray, "Apple, RIM: A Kodak Win Could Mean $1B Settlement, Says RBC," *Barron's*, June 23, 2011, https://www.barrons.com/articles/BL-TB-33151.

39. Ron Adner and Daniel Snow, "Bold Retreat: A New Strategy for Old Technologies," *Harvard Business Review* 88, no. 3 (March 2010): 76–81, https://hbr.org/2010/03/bold-retreat-a-new-strategy-for-old-technologies.

40. Kim Brady, "Photo Printing Is on the Rise," *Digital Imaging Reporter*, January 10, 2018, https://direporter.com/industry-news/industry-analysis/photo-printing-rise.

41. Steve Sasson (inventor of the digital camera), in discussion with the author, May 6, 2020.

42. 譯注：利益相關者資本主義主張把私人企業定位為社會的受託人，這種模式被認為是應對當今各種社會和環境挑戰的最佳方法。

第二章

1. Kasey Wehrum, "Special Report: Wayfair's Road to $1 Billion," *Inc.*, April 3, 2012, https://www.inc.com/magazine/201204/kasey-wehrum/the-road-to-1-billion-growth-special-report.html.

2. 譯注：經營者僅需負責「金流、客戶服務、行銷、尋找客戶群，並做好網站的維護」，並不會擁有自己的倉庫用來「存貨、進貨、發貨或者製造」。

3. Jeffrey F. Rayport, Susie L. Ma, and Matthew G. Preble, "Wayfair," Harvard Business School, June 12, 2019, Case Study 9-819-045, 7.

4. Abram Brown, "How Wayfair Sells Nearly $1 Billion Worth of Sofas, Patio Chairs and Cat Playgrounds." *Forbes*, April 16, 2014, https://www.forbes.com/sites/abrambrown/2014/04/16/how-wayfair-sells-nearly-1-billion-worth-of-

sofas-patio-chairs-and-cat-playgrounds/.

5. Alex Finkelstein, general partner at the venture firm Spark Capital, quoted in Wehrum, "Special Report: Wayfair's Road to $1 Billion."

6. Janice H. Hammond and Anna Shih, "Wayfair: Fast Furniture?," Harvard Business School, May 10, 2019, Case Study 9-618-036, 8.

7. Wayfair, Inc., "Third Quarter Fiscal Year 2014 Earnings Conference Call," November 10, 2013, 2, https://s24.q4cdn.com/589059658/files/doc_financials/quaterly/2014/q3/final-111014-wayfair-inc-3q-results.pdf.

8. https://investor.wayfair.com/news/news-details/2017/Wayfair-Announces-First-Quarter-2017-Results/default.aspx.

9. Makeda Easter, "Amazon Hopes to Dominate Yet Another Market—Furniture," *Los Angeles Times*, May 12, 2017, https://www.latimes.com/business/la-fi-amazon-furniture-push-20170512-story.html.

10. Anita Balakrishnan, "Wayfair Shares Tumble amid Report of Amazon Furniture Push," *CNBC*, April 24, 2017, https://www.cnbc.com/2017/04/24/wayfair-stock-moves-amid-report-of-amazon-competition.html.

11. Tyler Durden, "Wayfair Tumbles after Amazon Launches Furniture Seller Program," *Zero Hedge*, April 24, 2017, https://www.zerohedge.com/news/2017-04-24/wayfair-tumbles-after-amazon-launches-furniture-seller-program.

12. Carl Prindle, "Amazon's New Furniture Seller Program: What It Means for Wayfair and Furniture Retailers." *Blueport Commerce*, April 28, 2017, https://www.blueport.com/blog/amazons-new-furniture-seller-program-means-wayfair-furniture-retailers/.

13. Chris Sweeney, "Inside Wayfair's Identity Crisis," *Boston Magazine*, October 1, 2019, https://www.bostonmagazine.com/news/2019/10/01/inside-wayfair/.

14. 截至2017年3月31日和2020年9月30日的季度，Wayfair的季度銷售額分別為9.608億美元和38億美元；而市值從33.72億美元成長到303.4億美元。

15. Wayfair的採購長奧布拉克在2020年1月與作者的討論內容。

16. 奧布拉克與作者討論的內容。

17. Wayfair Inc., 2016 Annual Report, December 31, 2016, 5, https://www.annualreports.com/HostedData/AnnualReportArchive/W/NYSE_W_2016.pdf.

18. Wayfair Inc., 2018 Annual Report, December 31, 2018, 4, https://www.annualreports.com/HostedData/AnnualReportArchive/W/NYSE_W_2018.PDF.

19. Wayfair's global head of algorithms and analytics, John Kim, quoted in Suman Bhattacharyya, "How Wayfair Is Personalizing How You Buy Your Furniture Online," *Digiday*, August 24, 2018, https://digiday.com/retail/wayfair-personalizing-buy-furniture-online/.

20. "Wayfair Launches Visual Search, Lets Shoppers Instantly Find and Shop the Styles They See and Love," Wayfair Inc. press release, May 16, 2017, https://www.businesswire.com/news/home/20170516005302/en/Wayfair-Launches-Visual-Search-Lets-Shoppers-Instantly.

21. Steve Conine, quoted in Jeff Bauter Engel, "Wayfair's Steve Conine on the Amazon Threat, Adopting A.I. & More," *Xconomy*, January 28, 2019, https://xconomy.com/boston/2019/01/07/wayfairs-steve-conine-on-the-amazon-threat-adopting-a-i-more/2/.

22. Charles Arthur, "Navigating Decline: What Happened to TomTom?," *The Guardian*, July 21, 2015, https://www.theguardian.com/business/2015/jul/21/navigating-decline-what-happened-to-tomtom-satnav.

23. "Global Market Size of Portable Navigation Devices from 2005 to 2015," Statista Research Department, January 2011, https://www.statista.com/statistics/218112/forecast-of-global-pnd-market-size-since-2005/#:~:text=Forecast%3A%20global%20PND%20market%20size%202005%2D2015&text=The%20statistic%20illustrates%20the%20worldwide,be%2035%2C100%2C000%20units%20in%202015.

24. "Global PND Market Share 2007–2009, by Vendor," Statista Research Department, May 24, 2010, https://www.statista.com/statistics/218080/global-market-share-of-garmin-since-2007/.

25. Paul Smith, "Google Maps Couldn't Kill TomTom, Now It Is Poised for a Driverless Future," *Australian Financial Review*, January 25, 2016, https://www.afr.com/technology/google-maps-couldnt-kill-tomtom-now-it-is-poised-for-a-

driverless-future-20160122-gmbtzu.

26. "TomTom CEO Has No Regrets about Tele Atlas Buy." *Reuters*, February 24, 2009, https://www.reuters.com/article/idUSWEA868520090224.

27. "TomTom to Buy Tele Atlas Digital Mapper," *UPI*, July 23, 2007, https://www.upi.com/TomTom-to-buy-Tele-Atlas-digital-mapper/98291185220104/print.

28. Daniel McGinn, "Can Garmin Maintain GPS Lead?" *Newsweek*, November 9, 2007, https://www.newsweek.com/can-garmin-maintain-gps-lead-96469.

29. Keith Ito, "Announcing Google Maps Navigation for Android 2.0," *Google Official Blog*, October 28, 2009, https://googleblog.blogspot.com/2009/10/announcing-google-maps-navigation-for.html.

30. Unnamed Société Générale analyst, quoted in Sarah Turner, "TomTom Stock Loses Its Way," *MarketWatch*, November 23, 2009, https://www.marketwatch.com/story/tomtom-stock-loses-its-way-2009-11-22.

31. Arthur, "Navigating Decline: What Happened to TomTom?"

32. Toby Sterling, "TomTom CEO Says Its Maps Destined for Use in Self-Driving Cars," *Reuters*, May 4, 2015, https://www.reuters.com/article/us-tomtom-autos/tomtom-ceo-says-its-maps-destined-for-use-in-self-driving-cars-idUSKBN0NP0DZ20150504

33. Management board member Alain De Taeye, quoted in Natalia Drozdiak, "TomTom Maps Out Revamp with Bet on Self-Driving Cars," *Transport Topics*, September 4, 2019, https://www.ttnews.com/articles/tomtom-maps-out-revamp-bet-self-driving-cars.

34. TomTom, "TomTom Group Strategy," September 24, 2019, 2, https://corporate.tomtom.com/static-files/63c51b37-d16c-40a1-9082-af7436da5bdb.

35. TomTom官網，「TomTom集團策略」，2019年9月24日資本市場日的「企業」演講稿，第4頁；https://corporate.tomtom.com/static-files/63c51b37-d16c-40a1-9082-af7436da5bdb.

36. Drozdiak, "TomTom Maps Out Revamp with Bet on Self-Driving Cars."

37. Ingrid Lunden, "Taylor Swift Would Have Made $6M This Year on Spotify(1989 Pulled in $12M in 1st Week)," *Tech Crunch*, November 11, 2014, https://

techcrunch.com/2014/11/11/taylor-swift-was-on-track-to-make-6m-this-year-on-spotify-says-ceo-daniel-ek/?_ga=2.253692553.1604568107.1610556440-2057245517.1610556440&guccounter=1.

38. Janko Roettgers, "Spotify Has Become the World's Most Popular Music Streaming App," *Variety*, December 1, 2015, https://variety.com/2015/digital/news/spotify-has-become-the-worlds-most-popular-music-streaming-app-1201650714/.

39. Matthew Johnston, "Investing in Apple Stock (AAPL)." *Investopedia*, October 21, 2020, https://www.investopedia.com/investing/top-companies-owned-apple/.

40. Micah Singleton, "Apple Pushing Music Labels to Kill Free Spotify Streaming Ahead of Beats Relaunch," *The Verge*, May 4, 2015, https://www.theverge.com/2015/5/4/8540935/apple-labels-spotify-streaming.

41. Michael Bizzaco and Quentyn Kennemer, "Apple Music vs. Spotify," *Digital Trends*, February 18, 2021, https://www.digitaltrends.com/music/apple-music-vs-spotify/.

42. "Spotify Technology S.A. Announces Financial Results for Fourth Quarter 2020,"Spotify Technology S.A. press release, February 3, 2021, https://investors.spotify.com/financials/press-release-details/2021/Spotify-Technology-S.A.-Announces-Financial-Results-for-Fourth-Quarter-2020/default.aspx.

43. Alison Wenham, "Independent Music Is a Growing Force in the Global Market," *Music Business Worldwide*, July 21, 2015, https://www.musicbusinessworldwide.com/independent-music-is-a-growing-force-in-the-global-market/.

44. Paul Vidich, vice president at Warner Music, quoted in Steve Knopper, "ITunes' 10th Anniversary: How Steve Jobs Turned the Industry Upside Down," *Rolling Stone*, June 25, 2018, https://www.rollingstone.com/culture/culture-news/itunes-10th-anniversary-how-steve-jobs-turned-the-industry-upside-down-68985/.

45. Tim Arango, "Despite iTunes Accord, Music Labels Still Fret," *New York Times*, February 2, 2009, https://www.nytimes.com/2009/02/02/business / media/02apple.html.

46. Knopper, "ITunes' 10th Anniversary."

47. U.S. Sales Database, "U.S. Recorded Music Revenues by Format, 1973–2019,"

Recording Industry Association of America, accessed February 11, 2020, https://www.riaa.com/u-s-sales-database/.

48. Attorney Gary Stiffelman, quoted in Jon Healey and Jeff Leeds, "Online Music Alters Industry's Sales Pitch," *Chicago Tribune*, August 27, 2018, https://www.chicagotribune.com/news/ct-xpm-2004-04-30-0404300079-story.html.
49. Paul Bond, "Warner Music Group CEO: Steve Jobs Got the Best of Us," *Hollywood Reporter*, February 1, 2012, http://www.hollywoodreporter.com/news/steve-jobs-apple-itunes-warner-music-group-286265.
50. James Sturcke, "Microsoft 'Ends Music Download Talks,'" *The Guardian*, October 5, 2005, https://www.theguardian.com/technology/2005/oct/05/news.microsoft.
51. GartnerG2 analyst Mike McGuire, quoted in Charles Duhigg, "Apple Renews 99-Cent Song Deals," *Los Angeles Times*, May 3, 2006, https://www.latimes.com/archives/la-xpm-2006-may-03-fi-apple3-story.html.
52. Unnamed source, quoted in Glenn Peoples, "Fight between Apple and Spotify Could Change Digital Music; Labels Said to Reject Pricing below $9.99," *Billboard*, March 9, 2015, https://www.billboard.com/articles/business/6494979/fight-between-apple-and-spotify-could-change-digital-music-labels-said-to.
53. Unnamed source, quoted in Tim Ingham, "Spotify Is Out of Contract with All Three Major Labels—and Wants to Pay Them Less," *Music Business Worldwide*, August 23, 2016, https://www.musicbusinessworldwide.com/spotify-contract-three-major-labels-wants-pay-less/.
54. David Lidsky, "The Definitive Timeline of Spotify's Critic-Defying Journey to Rule Music," *Fast Company*, August 13, 2018, https://www.fastcompany.com/90205527/the-definitive-timeline-of-spotifys-critic-defying-journey-to-rule-music.
55. Stuart Dredge, "Spotify Closes Its Direct-Upload Test for Artists," *Music Ally*, July 1, 2019, https://musically.com/2019/07/01/spotify-closes-its-direct-upload-test-for-artists/.
56. "How Much Do Record Labels Spend on Marketing Their Artists?," *Stop the Breaks*, May 5, 2020, https://www.stopthebreaks.com/diy-artists/how-much-do-

record-labels-spend-on-marketing-their-artists/.

57. Industry analyst Mark Mulligan, quoted in Charles Lane, "Spotify Goes Public Valued at Nearly $30 Billion—But Its Future Isn't Guaranteed," *NPR*, April 3, 2018, https://www.npr.org/sections/therecord/2018/04/03/599131554/spotify-goes-public-valued-at-nearly-30-billion-but-its-future-isnt-guaranteed.

58. Industry analyst Mark Mulligan, quoted in Anna Nicolaou, "Revenue Streams: Spotify's Bid to Generate a Profit," *Financial Times*, March 14, 2018, https://www.ft.com/content/974206c0-2609-11e8-b27e-cc62a39d57a0.

59. Anna Nicolaou, "Spotify Drops Plan to Pull in Independent Artists," *Financial Times*, July 3, 2019, https://www.ft.com/content/c15d5124-9d15-11e9-9c06-a4640c9feebb.

60. Daniel Ek, quoted in Robert Levine, "Billboard Cover: Spotify CEO Daniel Ek on Taylor Swift, His 'Freemium' Business Model and Why He's Saving the Music Industry," *Billboard*, June 5, 2015, https://www.billboard.com/articles/business/6590101/daniel-ek-spotify-ceo-streaming-feature-tidal-apple-record-labels-taylor-swift.

61. Unnamed music executive, quoted in Tim Ingham, "The Major Labels Could Block Spotify's Expansion into India Due to Direct Licensing Fallout," *Music Business Worldwide*, June 15, 2018, https://www.musicbusinessworldwide.com/the-major-labels-could-block-spotifys-expansion-into-india-this-year/.

62. Amy X. Wang, "Spotify Is in Trouble with Record Labels (Again)," *Rolling Stone*, September 10, 2018, https://www.rollingstone.com/music/music-news/spotify-record-labels-dispute-720512/.

63. Jem Aswad, "Spotify's Daniel Ek Talks Royalties, Data-Sharing, the Future: 'I Was Never a Disrupter,'" *Variety*, April 11, 2019, https://variety.com/2019/biz/news/spotify-daniel-ek-talks-royalties-future-freaknomics-disrupter-1203186354/.

64. Jem Aswad, "Spotify's Daniel Ek Talks Royalties, Data-Sharing, the Future: 'I Was Never a Disrupter,'" *Variety*, April 11, 2019, https://variety.com/2019/biz/news/spotify-daniel-ek-talks-royalties-future-freaknomics-disrupter-1203186354/.

65. Lauren Feiner, "Spotify Makes Another Podcast Acquisition, Buying Bill Simmons' The Ringer," *CNBC*, February 5, 2020, https://www.cnbc.com/2020/02/05/spotify-spot-earnings-spotify-acquires-the-ringer-to-boost-podcasts.html.

66. Juli Clover, "Apple CEO Tim Cook on Apple Music: 'We Worry about the Humanity Being Drained Out of Music,'" *MacRumors*, August 7, 2018, https://www.macrumors.com/2018/08/07/tim-cook-apple-music-humanity/.

第三章

1. 我在《創新拼圖下一步》中介紹了這三個構想：這是思考創新的方式。在書中，我研究了這些構想做為在複雜生態系統裡打進市場的方法，它們是如何解釋創新試驗與最低可行生態系統的發展路徑。在這裡，我們將使用它們來了解生態系統的競爭和顛覆。這兩個討論是高度互補的，感興趣的讀者將從這兩種處理方式中受益。

2. Farhad Manjoo, "Amazon Echo, a.k.a. Alexa, Is a Personal Aide in Need of Schooling," *New York Times*, June 24, 2015, https://www.nytimes.com/2015/06/25/technology/personaltech/amazon-echo-aka-alexa-is-a-personal-aide-in-need-of-schooling.html.

3. David Pierce, "Amazon Echo Review: Listen Up," *The Verge*, January 29, 2015, https://www.theverge.com/2015/1/19/7548059/amazon-echo-review-speaker.

4. Trefis Team, "Why Smart Home Devices Are a Strong Growth Opportunity for Best Buy," *Forbes*, July 5, 2017, https://www.forbes.com/sites/greatspeculations/2017/07/05/why-smart-home-devices-are-a-strong-growth-opportunity-for-best-buy/#798aa5b24984.

5. "Control4 Launches Amazon Alexa Skill for Voice-enabled Whole Home Automation," Control4 press release, September 14, 2016, https://www.control4.com/press_releases/2016/09/14/control4-launches-amazon-alexa-skill-for-voice-enabled-whole-home-automation/.

6. Walt Mossberg, "Mossberg: Five Things I Learned from Jeff Bezos at Code," *Recode*, June 8, 2016, https://www.vox.com/2016/6/8/11880874/mossberg-jeff-bezos-code-conference.

7. "Is the Amazon Echo All Talk?," *Consumer Reports*, December 19, 2014, https://www.consumerreports.org/cro/news/2014/12/is-the-amazon-echo-all-talk/index.htm.

8. Jason Fell, "Why Amazon's Voice-Activated Speaker 'Echo' Isn't Worth Your Time or Money," *Entrepreneur*, June 23, 2015, https://www.entrepreneur .com/article/247655.

9. Harry McCracken, "Echo and Alexa Are Two Years Old. Here's What Amazon Has Learned So Far," *Fast Company*, November 7, 2016, https://www.fastcompany.com/3065179/echo-and-alexa-are-two-years-old-heres-what-amazon-has-learned-so-far.

10. Todd Bishop, "Amazon Echo Adds Voice Controls for Spotify, iTunes, and Pandora, plus new 'Simon Says' Feature," *GeekWire*, January 13, 2015, https://www.geekwire.com/2015/amazon-echo-adds-voice-controls-spotify-itunes-pandora-plus-new-simon-says-feature/.

11. Mark Bergen, "Jeff Bezos Says More Than 1,000 People Are Working on Amazon Echo and Alexa," *Recode*, May 31, 2016, https://www.recode.net/2016/5/31/11825694/jeff-bezos-1000-people-amazon-echo-alexa.

12. "Amazon Introduces the Alexa Skills Kit—A Free SDK for Developers," Amazon press release, June 25, 2015, https://www.businesswire.com/news/home/20150625005699/en/Amazon-Introduces-the-Alexa-Skills-Kit%E2%80%94A-Free-SDK-for-Developers.

13. Bret Kinsella, "There Are Now 20,000 Amazon Alexa Skills in the U.S.," voicebot.ai, September 3, 2017, https://www.voicebot.ai/2017/09/03/now-20000-amazon-alexa-skills-u-s/.

14. Bret Kinsella, "Alexa Skill Counts Surpass 80K in US, Spain Adds the Most Skills, New Skill Rate Falls Globally," voicebot.ai, January 14, 2021, https://voicebot.ai/2021/01/14/alexa-skill-counts-surpass-80k-in-us-spain-adds-the-most-skills-new-skill-introduction-rate-continues-to-fall-across-countries/.

15. Jonathan Vanian, "Amazon Has a Stunning Number of People Working on Alexa," *Fortune*, September 27, 2017, https://fortune.com/2017/09/27/amazon-alexa-employees/.

16. 譯注：亞馬遜創始人貝佐斯著名的「兩個披薩原則」，認為不論會議還是工作團隊組成，都不該超過兩個披薩能餵飽的人數，這是貝佐斯為了提高效率的敏捷式管理，這裡在幽他一默。

17. "Tech Giants Will Probably Dominate Speakers and Headphones," *The Economist*, December 2, 2017, https://www.economist.com/business/2017/12/02/tech-giants-will-probably-dominate-speakers-and-headphones.

18. Liv VerSchure, vice president for GE Applicances, quoted in Teena Maddox, "Amazon Alexa Will Now Talk to GE's Connected Appliances in Smart Home Push," *TechRepublic*, September 13, 2016, https://www.techrepublic.com/article/amazon-alexa-will-now-talk-to-ges-connected-appliances-in-smart-home-push/.

19. Dieter Bohn, *The Verge*, January 4, 2019, https://www.theverge.com/2019/1/4/18168565/amazon-alexa-devices-how-many-sold-number-100-million-dave-limp.

20. Industry analyst Mark Vena, quoted in Parmy Olson, "At CES, Amazon Is Beating Google in the Smart Home Battle," *Forbes*, January 11, 2018, https://www.forbes.com/sites/parmyolson/2018/01/11/amazon-is-beating-google-in-the-smart-home-battle-for-now/#43e40a183f99.

21. Jamie Grill-Goodman, "Amazon to 'Double Down' on Alexa Investment," *RIS News*, February 5, 2018, https://risnews.com/amazon-double-down-alexa-investment.

22. 亞馬遜執行長貝佐斯被列為多項專利的發明者，包括「輸入機制的動作辨識」（Movement recognition as input mechanism，專利號：8,788,977，專利申請日期：2008年11月20日提出）；「由使用者視控裝置」（Viewer-based device control，專利號8,922,480，2010年3月5日提交）；和「在交易中使用階段的驗證」（Utilizing phrase tokens in transactions，專利號：9,390,416，2013年3月14日提交）。

23. Unnamed developer, quoted in Joshua Brustein, "The Real Story of How Amazon Built the Echo," *Bloomberg*, April 19, 2016, https://www.bloomberg.com/features/2016-amazon-echo/.

24. Gene Munster and Will Thompson, "Smart Speaker Macro-Model Update," June 13, 2019, https://loupventures.com/smart-speaker-market-share-update/.

25. Monica Nickelsburg, "Microsoft to Sunset Cortana on iOS and Android in Pivot to 'Productivity-focused' Assistant," *GeekWire*, July 31, 2020, https://www.geekwire.com/2020/microsoft-sunset-cortana-ios-android-pivot-productivity-focused-assistant/.

26. Samsung executive vice president Injong Rhee, quoted in Arjun Kharpal, "Samsung Bixby Expands to over 200 Countries in Battle with Amazon Alexa, Apple Siri," *CNBC*, August 22, 2017, https://www.cnbc.com/2017/08/22/samsung-bixby-expands-to-over-200-countries-in-battle-with-alexa-siri.html.

27. See S. A. Blank, *The Four Steps to the Epiphany*: Successful Strategies for Products That Win (San Mateo, CA: CafePress.com Publishing, 2005); and Eric Ries, The Lean Startup (New York: Crown Business, 2011)。見簡體中文版《四步創業法》，華中科技大學出版社，2012；以及《精實新創之道》，行人出版社，2018。

28. 由於歐普拉用她這個名字替她的品牌命名，我在文中都統一叫她歐普拉。

29. "The Oprah Winfrey Show to End September 2011," Harpo Productions, Inc. press release, November 9, 2009, http://www.oprah.com/pressroom/oprah-announces-plans-to-end-the-oprah-winfrey-show-in-september-2011/all.

30. Brian Stelter, "Daytime TV's Empty Throne After 'Oprah,'" *New York Times*, June 10, 2012, https://www.nytimes.com/2012/06/11/business/media/end-of-oprahs-show-tightens-races-for-tv-ratings.html.

31. Virginia Postrel, "Oprah, American Girls and Other Binge Dreamers: Virginia Postrel," *Bloomberg Opinion*, May 26, 2011, https://www.bloomberg.com/opinion/articles/2011-05-26/oprah-american-girls-and-other-binge-dreamers-virginia-postrel.

32. Zach Stafford, "The Oprah Winfrey Show: 'Hour-Long Life Lessons' That Changed TV Forever," *The Guardian*, September 8, 2016, https://www.theguardian.com/tv-and-radio/2016/sep/08/oprah-winfrey-show-30-year-anniversary-daytime-tv.

33. Courtney Worthman, quoted in Chavie Lieber, "Oprah Is the Original Celebrity Influencer," *Racked*, March 6, 2018, https://www.racked.com/

2018/3/6/17081942/oprah-celebrity-influencer.

34. Patricia Sellers and Noshua Watson, "The Business of Being Oprah. She talked her way to the top of her own media empire and amassed a $1 billion fortune. Now she's asking, 'What's next?,'" *Fortune*, April 1, 2002, https://archive.fortune.com/magazines/fortune/fortune_archive/2002/04/01/320634/index.htm.
35. Sellers and Watson, "The Business of Being Oprah."
36. Mark Lacter, "The Case of the Ungrateful Heirs," *Forbes*, December 25, 2000, https://www.forbes.com/global/2000/1225/0326028a.html#511b00825407.
37. "Harpo, Inc.," *Reference for Business*, accessed October 22, 2020, https://www.referenceforbusiness.com/businesses/G-L/Harpo-Inc.html
38. Sellers and Watson, "The Business of Being Oprah."
39. David Lieberman, "Oprah Joins Discovery to Create Her OWN Cable Channel," *ABC News*, January 15, 2008, https://abcnews.go.com/Business/story?id=4137536&page=1.
40. Jill Disis, "How Oprah Built Oprah Inc.," *CNN Money*, January 9, 2018, https://money.cnn.com/2018/01/09/media/oprah-winfrey-career-history/index.html.
41. Jonathan Van Meter, "Oprah Winfrey Is on a Roll (Again)," *Vogue*, August 15, 2017, https://www.vogue.com/article/oprah-winfrey-vogue-september-issue-2017.
42. J. J. McCorvey, "The Key to Oprah Winfrey's Success: Radical Focus," *Fast Company*, December 8, 2015, https://www.fastcompany.com/3051589/the-key-to-oprah-winfreys-success-radical-focus.
43. McCorvey, "The Key to Oprah Winfrey's Success."
44. "Oprah Winfrey and Weight Watchers Join Forces in Groundbreaking Partnership," Weight Watchers International press release, October 19, 2015, https://www.prnewswire.com/news-releases/oprah-winfrey-and-weight-watchers-join-forces-in-groundbreaking-partnership-300161712.html.
45. Paul Schrodt, "How Oprah Winfrey Rescued Weight Watchers—and Made $400 Million in the Process," *Money*, May 7, 2018, https://money.com/oprah-winfrey-weight-watchers-investment/#:~:text=Weight%20Watchers%20had%20an%20

image,a%20seat%20 on%20its%20board.

46. "How You Can Get Tickets for Oprah's '2020 Vision' Tour with WW," O, *The Oprah Magazine*, January 9, 2020, https://www.oprahmag.com/life/a28899378/oprah-ww-tour/.

47. Michelle Platt, "10 Things to Know About Oprah's 2020 Vision Tour: Your Life in Focus WW Wellness Event," *My Purse Strings blog*, January 24, 2020, https://www.mypursestrings.com/oprah-2020-vision-tour/.

48. Rachel George, "Oprah Winfrey Launches Free Virtual Wellness Tour to Help People Cope with COVID-19," *Good Morning America*, May 13, 2020, https://www.goodmorningamerica.com/culture/story/oprah-winfrey-launches-free-virtual-wellness-tour-people-70656111.

49. David Carr, "A Triumph of Avoiding the Traps," *New York Times*, November 22, 2009, https://www.nytimes.com/2009/11/23/business/media/23carr.html.

50. 這個名字由兩家母公司的縮寫組合而成：August Stenman Stenman August（縮寫ASSA）和Ab Låsfabriken Lukkotehdas Oy（縮寫ABLOY），因此公司名稱全部用大寫，這是根據語法的觀點，也是一個聰明的行銷手法。

51. ASSA ABLOY, 1996 Annual Report, 5, https://www.assaabloy.com/Global/Investors/Annual-Report/1996/EN/Annual%20Report%201996.pdf.

52. ASSA ABLOY, 2018 Annual Report, 3, https://www.assaabloy.com/Global/Investors/Annual-Report/2018/EN/Annual%20Report%202018.pdf

53. ASSA ABLOY, 2018 Annual Report, 59.

54. Paul Ragusa, "ASSA ABLOY: An Innovation and Sustainability Leader," *Security Systems News*, December 20, 2017, http://www.securitysystemsnews.com/article/assa-abloy-innovation-and-sustainability-leader.

55. "HID Global Announces Support for Student IDs in Apple Wallet," HID press release, August 13, 2019, https://www.hidglobal.com/press-releases/hid-global-announces-support-student-ids-in-apple-wallet.

56. "Smart Lock Market Worth $3.4 billion by 2025," MarketsandMarkets press release, October 2017, https://www.marketsandmarkets.com/PressReleases/

smart-lock.asp.

57. Clayton Christensen's *The Innovator's Dilemma: When New Technologies Cause Great Firms to Fail* (Boston: Harvard Business School Press, 1997)；繁體中文版《創新的兩難》，商周出版，2007。這本書為我們對（傳統經典）顛覆的理解做出一系列重要的貢獻。見格恩斯（Joshua Gans）的《破壞性創新的兩難》（*The Disruption Dilemma*），概述了圍繞傳統顛覆的辯論和觀點。見Ron Adner and Peter Zemsky, "Disruptive Technologies and the Emergence of Competition," *RAND Journal of Economics* 36, no. 2 (2005): 229–254，這篇文章對驅動顛覆的因素進行經濟分析，以及對導致公司打破產業界限的經濟因素有一番早期的評估。
58.「關係綜效」這個概念與戴爾（Jeffrey H. Dyer）和辛格（Harbir Singh）在《管理學院評論》（*Academy of Management Review*）論文提出的「關係租金」（relational rents）概念不同。文章見："The Relational View: Cooperative Strategy and Sources of Interorganizational Competitive Advantage," Academy of Management Review 23, no. 4 (1998): 660–679.關係租金是與特定企業關係相關的結果，被定義為「在交換關係中所共同產生的超額利潤，這種利潤不能由其中一家企業單獨產生，只能透過特定聯盟夥伴的共同特異貢獻來產生」。相較之下，生態系統的傳遞以「關係綜效」的概念為基礎，這個概念對企業和企業要擴張的環境情況都是特別具體的。企業所處的環境情況很重要，因為個別具體的價值創造目標決定企業傳遞的能力，延續與特定夥伴之間的關係，這些夥伴將填補價值結構的特定要素。

    請注意，透過傳遞而來的關係綜效，這個想法是由創造最低可行生態系統的目標所激發。展開關係綜效的目的是吸引合作夥伴，而不是直接吸引終端顧客，因此相較於傳統多角化策略中運用的「關係資源」（relational resources），關係綜效提供了一種不同的進入市場策略。

第四章

1. 本章以艾德納和卡普爾（Rahul Kapoor）的觀點為基礎，見"Innovation Ecosystems and the Pace of Substitution: Reexamining Technology S-Curves," *Strategic Management Journal* 37, no. 4 (2016): 625–648，以及"Right Tech,

Wrong Time," *Harvard Business Review* 94, no. 11 (2016): 60–67。這項研究探索了替代的時機，提供了從 1972 年到 2009 年半導體製程中，微影裝置生態系統中跨十代技術變遷的證據和分析。

2. 我在《創新拼圖下一步》中首先介紹了合作創新的風險和採用鏈風險這兩種概念。在那本書裡，重點是了解和管理超出自身執行挑戰的風險，這是成功打進市場策略的基礎。而這裡的重點是這些因素如何影響競爭的動態。
3. 見 Nathan R. Furr and Daniel C. Snow, "Intergenerational Hybrids: Spillbacks, Spillforwards, and Adapting to Technology Discontinuities," *Organization Science* 26, no. 2 (2015): 475–493.
4. Bill Gates, *The Road Ahead: Completely Revised and Up-to-Date* (New York: Penguin Books, 1996), 316.；繁體中文版《擁抱未來》，遠流出版，1996。
5. 有興趣的讀者可以參考《創新拼圖下一步》的第二章：對合作創新挑戰的分析，顛覆了人們在3G電話過渡期的期望，這種過渡情況與4G到5G的過渡之間的相似處是非常顯著的。
6. Curt Nickisch, "How One CEO Successfully Led a Digital Transformation," *Harvard Business Review*, April 8, 2020, https://hbr.org/podcast/2019/12/how-one-ceo-successfully-led-a-digital-transformation.
7. Curt Nickisch, "HBR's Curt Nickisch and Nancy McKinstry Talk Digital Transformation," Wolters Kluwer, January 17, 2020, https://www.wolterskluwer.com/en/expert-insights/curt-nickisch-and-nancy-mckinstry-talk-digital-transformation.
8. Nickisch, "HBR's Curt Nickisch and Nancy McKinstry Talk Digital Transformation."
9. Nickisch, "How One CEO Successfully Led a Digital Transformation."
10. Wolters Kluwer, 2004 Annual Report, December 31, 2004, 13, https://www.wolterskluwer.com/en/investors/financials/annual-reports.
11. Wolters Kluwer, 2019 Annual Report, December 31, 2019, 6, https://www.wolters kluwer.com/en/investors/financials/annual-reports.
12. "Zebra Technologies Corporation" *FundingUniverse*, accessed October 21,

2020, http://www.fundinguniverse.com/company-histories/zebra-technologies-corporation-history/.

13. 跳板市場運用了市場固有的異質性。相關進一步的討論，見Ian C. MacMillan and Rita Gunther McGrath, "Crafting R&D Project Portfolios," *Research-Technology Management* 45, no. 5 (2002): 48–59.。另見Ron Adner and Daniel Levinthal, "The Emergence of Emerging Technology," *California Management Review* 45, no. 1 (2002): 50–66.

14. David P. Hamilton, "23andMe Lets You Search and Share Your Genome—Today," *VentureBeat*, January 23, 2018, https://venturebeat.com/2007/11/17/23andme-lets-you-search-and-share-your-genome-today/.

15. Andrew Pollack, "F.D.A. Orders Genetic Testing Firm to Stop Selling DNA Analysis Service," *New York Times*, November 25, 2013, https://www.nytimes.com/2013/11/26/business/fda-demands-a-halt-to-a-dna-test-kits-marketing.html.

16. Stephanie M. Lee, "Anne Wojcicki's Quest to Put People in Charge of Their Own Health," *San Francisco Chronicle*, March 1, 2015, https://www.sfchronicle.com/news/article/Anne-Wojcicki-s-quest-to-put-people-in-charge-6108062.php.

17. Elizabeth Murphy, "Inside 23andMe Founder Anne Wojcicki's $99 DNA Revolution," *Fast Company*, October 14, 2013, https://www.fastcompany.com/3018598/for-99-this-ceo-can-tell-you-what-might-kill-you-inside-23andme-founder-anne-wojcickis-dna-r.

18. Charles Seife, "23andMe Is Terrifying, But Not for the Reasons the FDA Thinks," *Scientific American*, November 27, 2013, https://www.scientificamerican.com/article/23andme-is-terrifying-but-not-for-the-reasons-the-fda-thinks/.

19. Denise Roland, "How Drug Companies Are Using Your DNA to Make New Medicine," *Wall Street Journal*, July 22, 2019, https://www.wsj.com/articles/23andme-glaxo-mine-dna-data-in-hunt-for-new-drugs-11563879881.

20. Barry Greene, "+MyFamily Program with 23andMe Aims to Increase Awareness of TTR-Related Hereditary Amyloidosis in Families," Alnylam Pharmaceuticals, September 17, 2019, https://news.alnylam.com/patient-focus/articles/myfamily-program-23andme-aims-increase-awareness-ttr-related-hereditary.

21. "23andMe Signs a Strategic Agreement with Almirall," 23andMe press release, January 13, 2020, https://mediacenter.23andme.com/press-releases/23andme-signs-a-strategic-agreement-with-almirall/.

22. Anadiotis, "Why Autonomous Vehicles Will Rely on Edge Computing and Not the Cloud."

23. Fred Lambert, "Tesla Reaches 10 Billion Electric Miles with a Global Fleet of Half a Million Cars," *Electrek*, November 16, 2018, https://electrek.co/2018/11/16/tesla-fleet-10-billion-electric-miles/.

24. 狄瑞克斯（Ingemar Dierickx）和庫爾（Karel Cool）在他們具有里程碑意義的論文〈資產存量累積與競爭優勢的可持續性〉（"Asset Stock Accumulation and Sustainability of Competitive Advantage," *Management Science* 35, no. 12 (1989): 1504–1511.）中，把時間壓縮不經濟的概念引入策略文獻中，做為評估公司競爭優勢可持續性的關鍵因素。面對潛在的顛覆時，把時間壓縮不經濟的應用，擴展到技術投資的背景，並把這個想法帶入了創新文獻中。

25. Justin Bariso, "Tesla Just Made a Huge Announcement That May Completely Change the Auto Industry. Here's Why It's Brilliant," *Inc.*, September 3, 2019, https://www.inc.com/justin-bariso/tesla-just-made-a-huge-announcement-that-may-completely-change-auto-industry-heres-why-its-brilliant.html.

26. Kirsten Korosec, "Tesla Plans to Launch an Insurance Product 'in about a Month,'" *TechCrunch*, April 24, 2019, https://techcrunch.com/2019/04/24/tesla-plans-to-launch-an-insurance-product-in-about-a-month/.

27. Fred Imbert, "Buffett Knocks Elon Musk's Plan for Tesla to Sell Insurance: 'It's Not an Easy Business,'" *CNBC*, May 5, 2019, https://www.cnbc.com/2019/05/04/warren-buffett-on-tesla-id-bet-against-any-company-in-the-auto-business.html.

28. 譯注：說服人們去相信某件他們不相信的事，或這件事情本身根本不符合現實情況。

第五章

1. "Apple—September Event 2014," *YouTube* video, 55:00, posted by Apple, September 10, 2014, https://www.youtube.com/watch?v=38IqQpwPe7s.
2. Dave Smith, "This Might Be the Only Recent Apple Product Steve Jobs Would Have Loved," *Business Insider*, July 9, 2015, https://www.businessinsider.com/apple-pay-is-the-best-new-service-from-apple-2015-7.
3. Stephanie Mlot, "Isis Mobile Wallet Finally Launches Nationwide," *PC*, November 14, 2013, https://www.pcmag.com/news/isis-mobile-wallet-finally-launches-nationwide.
4. Ingrid Lunden, "Google Is in Talks with Mobile Payments Company Softcard," *TechCrunch*, January 16, 2015, https://techcrunch.com/2015/01/16/softcard/.
5. Steve Kovach, "Retailers like Wal-Mart Have Started a War against Apple That They Have No Chance of Winning," Business Insider, October 28, 2014, https://www.businessinsider.com/merchant-customer-exchange-blocking-apple-pay-2014-10.
6. Walt Mossberg, "What Are the Anti-Apple Pay Merchants Afraid Of?," *Vox*, November 4, 2014, https://www.vox.com/2014/11/4/11632560/what-are-the-anti-apple-pay-merchants-afraid-of.
7. Josh Constine, "CurrentC Is the Big Retailers' Clunky Attempt to Kill Apple Pay and Credit Card Fees," *TechCrunch*, October 25, 2014, https://techcrunch.com/2014/10/25/currentc/.
8. Cara Zambri, "At-a-Glance: JPMorgan Chase Joins Apple in Launch of Apple Pay," *Media Logic*, September 23, 2014, https://www.medialogic.com/blog/financial-services-marketing/glance-jpmorgan-chase-joins-apple-launch-apple-pay/.
9. 讀者若有興趣，可以參考《創新拼圖下一步》的第八章，文中詳細探討了蘋果如何建立iPhone生態系。蘋果運用其在數位音樂播放器生態系中地位的傳遞，在手機生態系中建立了MVE。從那裡開始依序增加軟體開發商、廣告商和媒體合作夥伴，所有這些都在一個協調一致的結構中。

10. 蘋果對這些不同計畫的自信評論說明了這些大膽的抱負。根據執行長庫克的說法，在醫療保健方面的努力是蘋果「對人類的最大貢獻」。Lizzy Gurdus, "Tim Cook: Apple's Greatest Contribution Will Be 'About Health,'" cnbc.com, January 8, 2019, https://www.cnbc.com/2019/01/08/tim-cook-teases-new-apple-services-tied-to-health-care.html.

11. Derek Staples, "Apple Reinvents Home Audio with the Homepod," *DJ*, June 9, 2017, https://djmag.com/news/apple-reinvents-home-audio-homepod.

12. "Apple Unveils Everyone Can Create Curriculum to Spark Student Creativity," Apple press release, March, 27, 2018, https://www.apple.com/newsroom/2018/03/apple-unveils-everyone-can-create-curriculum-to-spark-student-creativity/.

13. S. O'Dea, "IPhone Users in the US 2012–2021," *Statista*, February 27, 2020, https://www.statista.com/statistics/232790/forecast-of-apple-users-in-the-us/.

14. 正如微軟和英特爾在「Wintel」生態系中長達數十年的關係所證明的那樣，一個生態系有不止一個領導者是可能的。然而，這似乎很少見，因為很難找到成功的共同執行長的案例，但並非不可能。在半導體製造方面，例如半導體製造技術聯盟（Semiconductor Manufacturing Technology，簡稱SEMATECH）等合作聯盟，展現了共享領導的潛力。在這樣的聯盟中，我們仍然傾向於看到影響和貢獻的內部等級制度，會再映射到成員上，對結構、選擇和價值創造的時機影響更大，而不是更少。雖然生態系可以在沒有領導者的情況下成功（至少在理論上），但領導角色，即使是非正式的，似乎也會出現在甚至是最公共的環境中，參考Siobhán O'Mahony and Fabrizio Ferraro, "The Emergence of Governance in an Open Source Community," *Academy of Management Journal* 50, no. 5 (2007): 1079–1106.

15. Matt Rosoff, "Jeff Immelt: GE Is On Track to Become a 'Top 10 software Company," *Business Insider*, September 29, 2015, https://www.businessinsider.com/ge-ceo-jeff-immelt-top-10-software-company-2015-9.

16. James Blackman, "Regret, but No Surprise—The Market Responds to the Demise of GE Digital," *Enterprise IoT Insights*, August 25, 2018, https://enterpriseiotinsights.com/20180821/channels/news/market-reacts-to-ge-digital-demise.

17. John Hitch, "Can GE Innovate Innovation with Predix Platform?," *New Equipment Digest*, June 2, 2016, https://www.newequipment.com/technology-innovations/article/22058516/can-ge-innovate-innovation-with-predix-platform.

18. "GE to Open Up Predix Industrial Internet Platform to All Users," Business Wire, October 9, 2014, https://www.businesswire.com/news/home/20141009005691/en/GE-Open-Predix-Industrial-Internet-Platform-Users.

19. 引用數位結構長唐森（Jon Dunsdon）在受IndustryWeek網站採訪時的談話，文章標題為〈GE能否運用Predix平台進行創新？〉（Can GE Innovate Innovation with Predix Platform?）

20. Dylan Martin, "GE Digital Layoffs 'Driven by Commercial Demands,' Not Spin-Off Plans," *CRN*, April 11, 2019, https://www.crn.com/news/internet-of-things/ge-digital-layoffs-driven-by-commercial-demands-not-spin-off-plans.

21. Sonal Patel, "GE Shelves Plans to Spin-Off Digital Business," *POWER*, November 4, 2019, https://www.powermag.com/ge-shelves-plans-to-spin-off-digital-business/.

22. 在這種特殊情況下，出版商可以同時參與這兩個生態系，創造了運用一個領導者來對抗另一個領導者的可能性。然而，出版商對蘋果線上書店的支持，最終導致美國司法部提起反壟斷訴訟，所以這是一種不太理想的策略。如果出版商這些追隨者當初在生態系出現時，能做出更好的策略應對，原本可以更強烈地要求亞馬遜分享關於讀者和讀者在選擇方面的寶貴資料。競爭平台之間的關係本身就是一個耐人尋味的問題，這也是我與陳建清和朱峰在《管理科學》期刊上「平台市場的亦敵亦友」（"Frenemies in Platform Markets: Heterogeneous Profit Foci as Drivers of Compatibility Decisions," *Management Science* 66, no. 6 (2020): 2432–2451, https://doi.org/10.1287/mnsc.2019.3327，開放存取）一文中研究的重點。

23. 協調醫療保健的採用鏈，以支持電子病歷是一個引人入勝的的傳奇故事。感興趣的讀者可以參考《創新拼圖下一步》的第五章，以對本案例的起伏進行生態系統的分析。

24. David Blumenthal, "Stimulating the Adoption of Healthcare Information Technology," *New England Journal of Medicine* 360, no. 15 (April 2009):

1477–1479.

25. Blumenthal, "Stimulating the Adoption of Healthcare Information Technology."
26. Heather Landi, "HIMSS19: ONC, CMS Officials Outline the Framework for Interoperability, the Use of APIs, FHIR," *FierceHealthcare*, February 13, 2009, accessed November 1, 2020, https://www.fiercehealthcare.com/tech/onc-cms-officials-lay-out-framework-for-data-sharing-use-apis-fhir.
27. 譯注：由於IBM前期在個人電腦上的成功，微軟借力使力，使得MS-DOS成為作業系統的產業標準。
28. Jeremy Reimer, "Half an Operating System: The Triumph and Tragedy of OS/2" (referencing an interview in the 1996 PBS documentary Triumph of the Nerds), *Ars Technica*, November 29, 2019, https://arstechnica.com/information-technology/2019/11/half-an-operating-system-the-triumph-and-tragedy-of-os2/.
29. Robert A. Burgelman, *Strategy Is Destiny: How Strategy-Making Shapes a Company's Future* (New York: Free Press, 2002), 234.

第六章

1. 協調是組織理論文獻中的一個經典主題。典型的例子是Nadler和Tushman的一致模式（congruence model），該模式考慮了組織的設計，並認為是組織結構、文化、工作和人員之間的配合，決定了公司的成功。文章見David A. Nadler and *Michael L. Tushman, "A Model for Diagnosing Organizational Behavior,"* Organizational Dynamics 9, no. 2 (1980): 35–51)。然而，這些理論通常認為，只有單一的組織設計者（即執行長或業務單位主管）有權力和資格推動變革和決策。反觀我們在這裡的討論是組織外參與者的協調問題，其中特定的設計者不僅沒有權力，而且可能會面臨由其他組織中其他設計者推動的一連串相互競爭的想法。生態系的不同之處在於：（1）你沒有權力控制外部參與者，他們正在推動他們自己最佳結構相互競爭的觀點，以及（2）持續需要在參與者之間找到一致的適配度。

   經典的組織設計文獻從全能設計者的角度出發，他既有影響力，也有權力，而關於沒有權力的影響力的討論則從中層管理者的角度出發。例如，Allan R. Cohen and David L. Bradford, *Influence without Authority* [New

York: John Wiley & Sons, 2011]；繁體中文版《沒權力也能有影響力》，臉譜出版，2012）。生態系的出發點是這些管理者沒有可以訴諸的更高權力，對組織的影響力來源往往與現有非正式網路中的地位有關。我們在這裡的重點是網路最初是如何建立的。在這方面，本章後面鮑爾默和納德拉之間的對比，可以看出他們在建立自認為最能推動微軟目標的外部和內部網路結構時的差異。

2. 把領導力與組織成長聯繫起來的討論，考慮了內部協調的挑戰與公司規模之間的變化，並使用這種動態來解釋內部組織特徵的變化，例如組織結構（從非正式到集中到矩陣式組織的轉變）、管理風格、控制系統等等，見Larry E. Greiner〈隨著組織成長的進化和革命〉（Evolution and Revolution as Organizations Grow），*Harvard Business Review* 76, no. 3 [1998]: 55–64。
   相比之下，這裡的討論重點不在於規模的變化，而是組織參與的生態系的成熟狀況。驅動邏輯不是公司內部的官僚主義，而是外部合作夥伴環境中角色的協調和明確性。這裡對不同類型領導者的需求是由協調外部生態系的不同必要條件所驅動的。
   早在納德拉接手之前，微軟就是一個龐大而複雜的組織。然而，從這個案例中可以清楚地看出，更有效的矩陣結構並不是驅動轉型所缺少的要素。

3. Bill Rigby, "Steve Ballmer Ends Run as Microsoft's Relentless Salesman," *Reuters*, August 23, 2013, https://www.reuters.com/article/us-microsoft-ballmer-newsmaker/steve-ballmer-ends-run-as-microsofts-relentless-salesman-idUSBRE97M0YV20130823.

4. Mary Jo Foley, "Microsoft's Ballmer on His Biggest Regret, the Next CEO and More," *ZDNet*, August 23, 2013, https://www.zdnet.com/article/microsofts-ballmer-on-his-biggest-regret-the-next-ceo-and-more/.

5. Timothy Green, "Why Steve Ballmer Is Not a Failure," *The Motley Fool*, August 30, 2013, https://www.fool.com/investing/general/2013/08/30/why-steve-ballmer-was-not-a-failure.aspx.

6. Nicholas Thompson, "Why Steve Ballmer Failed," *New Yorker*, June 18, 2017, https://www.newyorker .com/business/currency/why-steve-ballmer-failed.

7. "Microsoft Promotes Ballmer," *CNNMoney*, January 13, 2000, https://money.cnn.com/2000/01/13/technology/microsoft/.
8. Denise Dubie, "Microsoft's Ballmer: 'For the Cloud, We're All in,'" *Network World*, March 4, 2010, https://www.networkworld.com/article/2203672/microsoft-s-ballmer---for-the-cloud--we-re-all-in-.html.
9. 相關討論，請見Shane Greenstein, *How the Internet Became Commercial: Innovation, Privatization, and the Birth of a New Network* (Princeton, NJ: Princeton University Press, 2015).
10. For discussion, see Thomas Eisenmann, Geoffrey Parker, and Marshall Van Alstyne, "Platform Envelopment," *Strategic Management Journal* 32, no. 12 (2011): 1270–1285.
11. Dean Takahashi, "What Microsoft CEO Steve Ballmer Did for Xbox—and What His Retirement Means for Its Future," *VentureBeat*, December 12, 2018, https://venturebeat.com/2013/08/23/what-ballmer-did-for-xbox-and-what-his-retirement-means-for-its-future/2/.
12. Jason Ward, "Former and Current Microsoft Staffers Talk about Why *Windows Phones Failed,*" Windows Central, April 11, 2018, https://www.windowscentral.com/microsofts-terry-myerson-and-others-why-windows-phone-failed-thats-fixed-now.
13. Mayank Parmar, "Windows Phone Market Share Collapses to 0.15%, According to NetMarketShare," *Windows Latest*, January 3, 2018, https://www.windowslatest.com/2018/01/04/windows-phone-market-share-collapses-0-15-according-netmarketshare/.
14. Tom Warren, "Steve Ballmer's Reorganization Memo," *The Verge*, July 11, 2013, https://www.theverge.com/2013/7/11/4514160/steve-ballmers-reorganization-memo.
15. Eugene Kim, "Microsoft Has a Strange New Mission Statement," *Business Insider*, June 25, 2015, https://www.businessinsider.com/microsoft-ceo-satya-nadella-new-company-mission-internal-email-2015-6.
16. Satya Nadella, Greg Shaw, and Jill Tracie Nichols, *Hit Refresh: The Quest to*

Rediscover Microsoft's Soul and Imagine a Better Future for Everyone (New York: Harper Collins, 2017), 125.；繁體中文版《刷新未來》，天下雜誌，2018。

17. Jessi Hempel, "Restart: Microsoft in the Age of Satya Nadella," *Wired*, December 17, 2015, https://www.wired.com/2015/01/microsoft-nadella/.
18. Jacob Demmitt, "New Era: Microsoft CEO Satya Nadella Speaks at Salesforce Conference, Gives iPhone Demo," *GeekWire*, September 17, 2015, https://www.geekwire.com/2015/microsoft-ceo-satya-nadella-keeps-playing-nice-with-bay-area-tech-scene-at-salesforce-conference/.
19. Hempel, "Restart."
20. Nadella, Shaw, and Nichols, *Hit Refresh*, 131.
21. Sam Schechner, "Slack Files EU Antitrust Complaint against Microsoft," *Wall Street Journal*, July 22, 2020, accessed November 1, 2020, www.wsj.com/articles/slack-files-eu-antitrust-complaint-against-microsoft-11595423056.
22. Jackie Kimmell, "The 4 Big Ways Microsoft Wants to Change Health Care," *Daily Briefing*, Advisory Board, November 20, 2019, https://www.advisory.com/daily-briefing/2019/11/20/microsoft.
23. Nadella, Shaw, and Nichols, *Hit Refresh*, 102.
24. "Inside the Transformation of IT and Operations at Microsoft," *IT Showcase*, October 30, 2019, https://www.microsoft.com/en-us/itshowcase/inside-the-transformation-of-it-and-operations-at-microsoft.
25. Marco Iansiti and Karim R. Lakhani, *Competing in the Age of AI: Strategy and Leadership When Algorithms and Networks Run the World* (Boston: Harvard Business Review Press, 2020)；繁體中文版《領導者的數位轉型》，天下文化，2021。

第七章

1. 一些有用的免費資源可幫助你與你的組織分享這些想法，請造訪網站 http://ronadner.com。

國家圖書館出版品預行編目（CIP）資料

生態系競爭策略：重新定義價值結構，在轉型中辨識正確的賽局，掌握策略工具，贏得先機 / 隆・艾德納（Ron Adner）著，黃庭敏譯 . -- 第一版 . -- 臺北市：天下雜誌 , 2022.04
312 面 ; 14.8 × 21 公分 . --（天下財經 ; BCCF0456P）
譯自 ： Winning the right game : how to disrupt, defend, and deliver in a changing world.
ISBN 978-986-398-760-4（平裝）
1. CST: 企業管理　2.CST: 企業經營　3.CST: 策略規劃
494　　111005245

天下財經 456

生態系競爭策略

重新定義價值結構，在轉型中辨識正確的賽局，掌握策略工具，贏得先機

WINNING THE RIGHT GAME: How to Disrupt, Defend, and Deliver in a Changing World

---

作　　者／隆・艾德納（Ron Adner）
譯　　者／黃庭敏
封面設計／ FE 設計
內頁排版／林婕瀅
責任編輯／吳瑞淑

天下雜誌群創辦人／殷允芃
天下雜誌董事長／吳迎春
出版部總編輯／吳韻儀
出 版 者／天下雜誌股份有限公司
地　　址／台北市 104 南京東路二段 139 號 11 樓
讀者服務／（02）2662-0332　傳真／（02）2662-6048
天下雜誌 GROUP 網址／ http://www.cw.com.tw
劃撥帳號／ 01895001 天下雜誌股份有限公司
法律顧問／台英國際商務法律事務所・羅明通律師
製版印刷／中原造像股份有限公司
總 經 銷／大和圖書有限公司　電話／（02）8990-2588
出版日期／ 2022 年 5 月 3 日第一版第一次印行
定　　價／ 450 元

Winning the Right Game

書號：BCCF0456P
ISBN：978-986-398-760-4（平裝）

直營門市書香花園　台北市建國北路二段 6 巷 11 號　（02）25061635
天下網路書店 shop.cwbook.com.tw
天下雜誌出版部落格——我讀網 books.cw.com.tw/
天下讀者俱樂部 Facebook www.facebook.com/cwbookclub

本書如有缺頁、破損、裝訂錯誤，請寄回本公司調換

天下
雜誌
觀 念 領 先